# 私の
# とっておきの
# 本棚

クルマとバイクの本屋のつぶやき

藤井孝雄 著

CG BOOKS

# はじめに

クルマとバイク関係の本屋を営んでいます。なぜ、そんな本屋をしているかって？

小さなころからクルマというものに良くも悪くも影響され続け、飽くこと知らず乗り換えてきました。だから今でも、まだまだ乗ってみたいクルマが山ほどあります。何しろ自分の名義にして自分なりに乗らなければ気がすまない性格は、病気と自覚してます。さらに悪いことに、クルマにだけは志向性というものがなく、どんなジャンルのどんな仕様も好きで、試さなければ気がすまないのです。強いて言えば普通より変わったもの、革新的な何かがあるものでピンとくれば、資料を読み漁って買ってしまってきました。問題は、自分を高めるための資料の在り処で、どこにどんなものがあるかを探すだけで大変でした。集めた資料がかなりたまってきたこともあって、それなら自分でそんな本屋をやってしまえば、人も喜ぶかもしれないと思ったことがきっかけです。

そんな本屋を作ったオヤジが、これだけは忘れられないとか、これは教えたくないけれど、知らせたいという思い入れのある本や映像を紹介しています。

なお、本書後半には飽くなきクルマ道楽者のクルマ史もご披露しているので、これも覗いてください。

# 私のとっておきの本棚

クルマとバイクの本屋のつぶやき

# 目次

装丁　駒井しげる
（イエロー グラフィック ステューディオ ジャパン）

# 第1章　夢をのせて走る

## 本屋を始めるきっかけになった本

ある分野に興味を持ち始めた時、たまたまよい本にめぐり合って、むさぼるように読んだという経験は誰でもあるのではないだろうか。そしてそういう本は、そのときにインパクトを与えるだけではなく、深く潜在意識に残り、その人の考え方の一つの基準になったり、さらにはその人の人生に大きくかかわることにもなる。私の場合、その最たるものがここに紹介する本だった。

本当にあったことを知ることは素晴らしい。30年あまり前に出会ったその本は、クルマの歴史をひもとくなどという堅苦しいものではなく、また面白おかしくネタ話を集めたなどという興味本位的なものでもない。過去のすばらしい出来事を正確に著し、時の流れをかみ締めることのできる、そして今があるという認識が持てるよい本だった。ケン・パーディによって執筆され１９６０年に出版、日本語版としては１９７２年翻訳出版された『自動車を愛しなさい』という本である。当時26歳の私はただのサラリーマンで、普通のクルマ・バイク好きだった。

1900年から1950年ぐらいまでの自動車の世界が最も輝いていたころのことが、すばらしいエピソードとともに書かれていて、かなりショックを受けた。そんな昔のことなどどうということはない、たかが旧車の世界なぞと思っていたからなおさらだった。

1900年から1950年、自動車の世界は技術革新にしても、今以上に悪戦苦闘しながら進んでいた時代だった。クルマ自体が今より圧倒的に数少なく、社会的な問題も少なかったからか、つまらぬ規制などほとんどなかった。だから、よいと思うことは何でも挑戦できた時代だった。

そんな状況だからすごい車が生まれていた。たとえばブガッティのある乗用車タイプは1936年に時速220キロの駿足を誇っていて、この記録は20年間も破られなかったほどだ。タイプ41はキャデラックの2倍もあるエンジンを積んでいたが、なんとボディなしのシャシーだけで2万ドルもした。ブガッティのレーシングカー・タイプ35は2年間で1045のレースに優勝した記録があるのだが、この数字は当時、他のメーカーのクルマの優勝数の合計を上まわっていた。

クルマばかりではなく、すばらしいレーシングドライバーもいた。ポルターゴはたぐいまれな天賦の才に恵まれたレーシングドライバーで、世界でも十指に数えられる存在だったが、ボブスレーのオリンピック選手で世界最高記録保持者で、ポロの選手で、野外障害物競馬の騎手としてトップランクで、飛行家でもあった。4カ国語がペラペラで、ブリッジも世界レベルで、小説家としても一流になれた男だ。そんな彼は、1957年イタリアのミッレミリアのレースで事故死してしまう。28歳だった。当時、モーターレーシングとは、死ぬまで上達を続けるスポーツだと言われていたとのことだが、その年齢であらゆる一流の域に達していた。

とにかくこのような話やエピソードがたくさん書かれているが、ノスタルジックに後ろ向きな本ではない。その心は、愛すべき機械から、便利な消費財に堕落してしまった現在の自動車には、もはや昔の夢はないのかと。だから、もう一度ふりかえって何があったのか、どうしてそんな楽しいすごい世界があったのか、かたちは異なってもこれからどんな世界を作ることができるのか、ポジティブに考えるためにも過去を知るべきだとこの本は言っている。ずっと残っていて欲しかった本だが、残念なことにすでに絶版になってしまい、もう手に入らない。

この本を翻訳された高斎正さんがその後『モータースポーツの楽しみ』という本を執筆された。高斎さんはこの本のまえがきで、モータースポーツはもっと面白いものなのだと言っている。ただ、日本のモータースポーツ・ジャーナリストたちが、自動車レースの歴史と伝統と文化についてあまり知識を持たないで、専門家のような顔をして解説していることに危惧を感じ、そして勝った負けただけの受け取り方しかしていない日本のレース・ファンに、もっとレースの楽しみ方があるということを知らせようとしている。

1906年にルマンで開催された最初のグランプリ・レースのことから、2001年のF1のことまで、確かな内容がちりばめられている。モーターレーシングの規定がどうやってできたのかなど、さまざまなエピソードをもとに語られている。モーターレーシングはその国の文化そのものだし、そうあるべきだ。そして最後に、現在の日本の自動車産業は、車を生産して利益をあげればよいということだけを考えて、文化的側面をないがしろにしている、と。乗用車の生産台数で世界一を競ったり、レースで日本製エンジンが強かったりしても、モータリングの歴史を知らず、自動車先進国に学んだという歴史を日本のユーザーに知られたくないという態度では、自動車とそれにまつわる文化を育んできた欧米と、本当の意味で対等な立場で付き合えないと警鐘を鳴らされている。

高斎さんは、二輪ジャーナリストがほとんど手をつけない外国製オートバイの歴史書の翻訳もされている。『ドゥカティ・ヒストリー』や『ハーレーダビッドソン80年史』を読めば、今までと違う見方でオートバイを見ることができる。

『自動車を愛しなさい』ケン・パーディ著　高斎正訳　晶文社刊
『モータースポーツの楽しみ』高斎正著　論創社刊

## 遺産を本能的に残そうとしている

50年代~70年代を中心に、何度も繰り返し世に登場しているものが少なからずある。トレンドを創出しなければならない企業が、新しいネタが見当たらないと、単純にリバイバルものを登場させていることが多いからだ。それとも、世の中が必然的に繰り返すようになっていると思えばいいのだろうか。いや違うのではないか、と私は最近思い始めている。人が作ったモノを、人が本能的に残そうとしているのではないかと。なぜ?というはっきりした理由などなくとも、誰に言われるでもなく、残そうとしているのである。

今の日本では、残して継承されていくべきモノ、文化、技術がすごいスピードで失われている。これは、ウエットにノスタルジックな感傷に浸っていても始まらない。年寄りの懐古趣味的な嘆きというものでもない。このことに対して人は感覚的に、これでは良くないというフィーリングを本能的に悟っているのだが、世の中に残して継承するシステムがないため、個人レベルで、できる範囲でやっているだけではないだろうか。あくまで個人レベルでしかないから、偏っていたり、切り口が鮮明でなかったり、体系的でなかったりしているので、評価が正しくされていないこともある。いろんな意味で継承することを大切にしている町、京都でさえ、変化が起こり始めていることを京都人から聞くと愕然とする。

良いものは、時間を越えて人をわくわくさせるものを持っている。それはスペックではない。スペックはひとつの理由付けであり、価値の要素のひとつにすぎず、それがなければ成り立たないとしたら、スペック表だけあればいいということになってしまう。スペックに表すことができない部分が沢山あって、スペックに頼る必要のない全体像を持ったモノが訴えているのだ。だから本当に素晴らしいモノは、それを体感する前から想像できる何かを持っている。クラシックなクルマやオートバイが何かを感じさせるのはなぜか——その理由がここにある。モノを作る上での必然性と、作った人の感性が創作の基準だったということだ。性能そのものは、全体像のなかで確保すべき一要素でしかなかったということでもある。

ここに、われわれのすばらしい遺産を一堂に見渡せる本がある。

『THE ART OF THE MOTORCYCLE』という本で、フランク・ロイド・ライトが設計したニューヨークの権威ある美術館グッゲンハイム・ミュージアムが、1998年ごろ100台のオートバイの特別展を開催した時の全てのオートバイを一冊にまとめたものである。19世紀から20世紀までに作られた最も優れた乗り物として、そして造形として芸術的レベルにあるモノという観点で、世界中から集められたものだった。１００台ものオートバイが美術館を埋め尽くすなど、まさに前代未聞のことだった。レイアウトは時代順になっており、その発展と変化をわかりやすく見ることができるようになっていた。

ニューヨーク在住の画家、佐々木健二郎さんがこの特別展について次のように語っている。「前衛志向の美術館ゆえに、オートバイもアートだ！とデュシャン的高遠な理念で企画したのかとも思えるが、おそらくそうではないと推察がつく。というのは、この美術館の数年来の特別展を見ていると、ファッションとアート、中国五千年展、ラウシェンバーグ回顧展など、一貫した方向性が見られない。それだけ現代アートが行き詰っていることを示しているといえる。そんな状況にあって、なぜ美術館がオートバイを飾らねばならないのか。それは、オートバイは人間とテクノロジーが一体となった乗り物であり、形も彫刻的で、最も芸術的メカニズムといえるからだ」と。

いずれにしても、この本の写真は相当なレベルであるし、なによりもオートバイの流れの全てを知るには最高の書籍なのだが、残念ながらすでに絶版になっている。

面白いことに、『THE ART OF THE MOTORCYCLE』という同じタイトルの本が存在する。グッゲンハイム・ミュージアムの分館がラスベガスのベネシアン・ホテルにあり、そこで

２００１年10月から２００３年の1月まで同じ趣旨の特別展が開かれていたのだが、こちらの本は、そこに展示された１００台のオートバイの写真と詳細な解説のほか、時代背景を映し出すエッセイなども収録したものである。展示されたオートバイは、以前のニューヨークのグッゲンハイムのものとは少し異なっているので、本の内容も少し異なる。そして今手に入る『THE ART OF THE MOTORCYCLE』は、このラスベガスの特別展のものだけだ。われわれの大切な遺産の確認のために、オートバイ好きにとって……。

『THE ART OF THE MOTORCYCLE』 Solomon R Guggenheim Museum
『THE ART OF THE MOTORCYCLE』 Guggenheim LAS VEGAS

## オリジナルがそのまま生き続けているジープ

現在、クライスラーの傘下にあるとはいえ、ジープは独自性を保ったブランドであり、そこにはコカコーラやハーレー・ダビッドソンと共通しているポイントがいくつかある。それは100%アメリカのオリジナルであることと、それらは50年以上の歴史を持ち、現在も基本的なコンセプトを変えず、構成やメカニズムもオリジナルスタイルを継承するモデルを作り続けていることだ。建国230年の多民族国家アメリカは、フレキシブルで変化に富んだ国であるにもかかわらず、頑固にというか頑なにというか、こういうものを作り続けていることは楽しいし、すばらしい。ハーレー・ダビッドソンが新しいV-RODを発売しているが、あいかわらずシンプルな空冷Vツインは健在である。

いまの時代、クルマ／バイク作りの最も重要なキーワードは「いろいろな性能」であるとしか思えない。この場合の性能とは、最高出力なり、快適性なり、操作の便利さ、複合機能の満載ぶりなどであろう。まあ、それらを基準として開発すれば、当然同じようなものにならざるを得ない。それでは個性がないから売りにくいので、外見上、イメージを付加して上塗りしたようなカタチがあとからついてくる。そんなでき方のものはみえみえで、エンブレムを外せばどこのメーカーのクルマだかバイクだか、わからなくなってしまっているのが現状だ。それで、最近はメーカーもヒストリーをキーワードに加えて出したりする。しかし、ヒストリーをひとつの要素としてしか考えていないので、いまひとつ合点がいかないものになっている。またレース用でもないのに、そんなに流体力学をベースに形作らなければならないのかも疑問だ。だいたい人口が減少方向にある先進諸国が、自分たちのために作る普通に使う物（特に車やバイク）に、もうこれ以上の性能はいらない。

メルセデスベンツの最高級グレード、マイバッハをテストしている記事を読んで、つい考えてしまった。アウトバーンを時速２００キロで走っていても、急ブレーキをかければ、何の不安もなく止まるそうだ。でもこんな車に乗る人は、そんなスピードで飛ばす必要のない仕事や生活をしているはずだ。だから、ちょっと前のロールスロイスは性能を公表していなかった。性能は数字ではなく「十分」の一言で表されているだけだった。性能より感性の領域を１００％堪能させるものづくりの姿勢が形に表れてこそすばらしいのであって、だから、高級車は高級車であったし、スポーツカーはスポーツカーだった。別個の要素と目的をひとつのものに押し込むことは、土台、いただけない。スポーツサルーンなど何をかいわんやだ。使う目的が明確にあって、そのために作られたものはピュアで美しく、古くならない。少々メカニズムが時代遅れになっても、適切な部分改良を施せば十分満足できるはずだ。しかし、そのままではメーカーという自負と競争相手とのシェア争いに勝てないという強迫観念にかられてか、次々と大して新しくもないものを世に送り出している。宣伝広告の巧みな技術もあいまって、一時的に人々を魅了したとしても、連綿としたなにかが背景になければ飽きられてしまう。これは日本のメーカーに限ったことではあるまい。

ものが生まれる時に、生まれる必然性があって生まれたというものは強い。そういうものに対して、メーカーがいたずらに意味のない変更などせず必要な部分にだけ手を加えたものは売れている。バイクではスーパーカブやSRなどであるし、クルマではポルシェ911系、ランドローバー、ゲレンデヴァーゲンそしてジープなどがそうだ。近年生産中止になったミニもそうだった。いずれにしても必然性があって生まれたものは強いし、メーカーはマイナーチェンジするくらいでよいのだ。そうやってヒストリーを積み上げていくことが最良なのだ。

いま、最新型のジープに乗って驚く。まずオートマチックに作動する部分が少ない。窓は手動、もちろんキーレスエントリーなどあるはずもない。それに較べたら最新の軽自動車のほうがよほど高級で、基本的にトヨタ・クラウンの装備と変わらない。さらにジープは、ホイールベースが短いこともあって軽自動車並みに小回りがきくことや、視界の広いことに改めて驚かされる。狭い路地などに入り込んでもまったく問題なく出入りできることはあまり知られていない。

ジープのエンジンは今どきOHV4000cc175馬力で、どうしようもない燃費の悪さだが、高速道路を平均時速150キロで走ることもできるほどハンドリングを含めて改良されている。こんなジープは60年以上前、軽量の軍事偵察用車両として開発された。当時偵察用には、馬かバイクしかなかったから、重宝であったし、いろいろなものを牽引できることも大きな要素だった。戦後はレクリエーショナル・ビークルとして、オフロード・スポーツ車として、さらにいろいろなバリエーションが展開されたが、オリジナルのシンプルなジープは健在である。いまだに存在し続けていることがすばらしい、そんなクルマのストーリーを読んでみてはいかがだろう。

『Jeep　全ての条件を満たした最高の道具の物語』

Steve Statham 著　COUKO / Tequenitune 訳　リンドバーグ刊

## From Down Under――地球の反対側から

地球の反対側を英語でダウン・アンダーというそうだが、英国から見てオーストラリアやニュージーランドのことだ。その一つ、人口400万人弱のイギリス系の国、ニュージーランドから、約10年ほど前に、ほとんどハンドメイドで作ったオートバイで、世界を驚嘆させた一人の男がいる。このオートバイにこそ、革新的という言葉があてはまる。いまもって、これ以上のオートバイはないといえる。これは、E・S・ファーガソンが言うところの心眼（マインズ・アイ）によって、このオートバイのコンストラクターであるジョン・ブリッテンが世に出した傑作だ。

E・S・ファーガソンの言葉を借りれば、「今日、大半の技術者は、科学者と呼ばれると喜ぶが、芸術家と呼ばれることには抵抗を感じている。芸術家は退廃的で、瑣末なものであり、おそらくは無用のものである、というのが技術系の学校での理解であるし、芸術はソフトな主題であって、ハードサイエンスのもつ厳密性や、工学にはあるとされている客観性を欠いている」

と。製図板上に鉛筆やペンで描かれようと、コンピューター画面上にカーソルで描かれようと、技術者の図面は、芸術家のデッサンや絵画と重要な特質を共有している。技術者も芸術家もどちらも白紙から始めるのだから、どちらも心眼で見たビジョンをその上に移していく、といっている。

単純な理屈の積み重ねが物のカタチとなって横行しすぎている我々の今の環境にあって、ジョン・ブリッテンのオートバイが奇異に映るのは否めない。あまりにも短期間に、ハンドメイドで、革新的なものを作り、それで結果を出すという、そして思ってもみない結末が待っている現実の物語が、この映像の90分の中にちりばめられている。約5年間のブリッテン・チームの輝かしい記録が、すばらしい映画に仕上げられている。

ジョン・ブリッテンは、わりと裕福な不動産業者であり、インドアプールのあるヴィクトリア調デザインの家に住んでいた。そして数人の熱心な友人達と裏庭の納屋でオートバイを作りはじめる。１９９１年のデイトナ・バトル・オブ・ザ・ツインの8カ月前には、このバイクV１０００は例のフォルムさえなかった。エンジンは試作段階のものだったし、とてもレースに出る状況ではなかったのだ。針金でフォルムを作り、自分でグラスファイバーを貼りつける。古目の工作機械、自分でやる熔接作業、クランクケースやシリンダーヘッドの鋳造。ケブラーとカーボンファイバーで作るホイール、不可解な曲がりくねったエグゾーストパイプの加工、そして仲間の優秀なメカニックと組み上げていくエンジン。ブリッテンの子供も手伝っている。レースの4カ月前にファイナルボディができあがる。この映像の最初の30分はハンドメイド・オートバイの作り方の見本のようなものだ。それも実に楽しげにやっている。最初のサーキット・テストランで即転倒。唐突にパワーが出すぎたのか、ハンドリングが追いついて行けないかのようなシーンだ。テストが続き、デイトナに参戦する。

興味本位でしか見ていなかったサーキットの人々も、予選結果のタイムを見てから態度が違っていくのがわかる。ワークスのドゥカティについで2位。1992年のデイトナに再度参戦。1100ccに排気量を上げ全てを見直していた。圧倒的な速さでトップに立つも、フィニッシュから数ラップ手前でエンジンが止まってしまう。バッテリーが上がってしまっていたのが原因だった。ドゥカティは不戦勝で勝ったようなものだ。きちんと給料が支払われているメカニックと、ファクトリーレベルの技術的バックアップを持っているチームだったら起こりえないトラブルが続いた。その後ニュージーランドのコンピューター会社からのスポンサーシップを受けることにはなるが、それまでは、ほとんど仲間の協力と自腹を切った状態でチームを運営していた。1993年にはマン島に出場し、最高速を記録する。なんとこの時にジョイ・ダンロップもブリッテンに試乗していた。1994年デイトナのバトル・オブ・ザ・ツインで優勝、その年、ニュージーランドのナショナルシリーズでラウンド1からラウンド4までラップレコードをたたき出しながら全て優勝。このマシンの特異さは、ブリッテンV１０００、１１００の両方をテストした、有名なジャーナリストのアラン・カスカートが説明している。彼のブリッテンに対する言葉は「プリティ・ディフィカルト」。

フレームレスのこのオートバイはエンジンの幅がリアタイヤより狭く、ハーフ・フェアリングで前面投影面積が小さく、水冷の小さなラジエターをわざわざシートの真下に水平に置き、フェアリングノーズから導かれたエアで冷やしている。フロント回りはカーボンとケブラーで、自分で設計し自分で作った特殊なガーターフォーク等々、きりがないほど革新的である。オートバイの設計者が、商業的な制約を受けず、白紙と無限の予算を与えられれば、確実に採用するに違いない無数のメカニズムをみごとに集大成したすばらしいオートバイだと彼はいい切っている。しかし私はそれだけではないと思う。技術がいかに寄り集まってもブリッテンは生まれない。ジョン・ブリッテンの心眼がなければ生まれはしない。そして、ジョン・ブリッテンは、今はもういない。その数年後に他界してしまった。今、私達はこの映像で最も革新的なオートバイの全てを見ることができるだけだ。

『ONE MAN'S DREAM - The Britten Bike Story』（video） Ruffell Films

## エンジンが感性のある生き物であることを知る

林義正さんという方は、非常におもしろい素晴らしい方だ。日本の自動車技術の課題が山積みされ、変遷していくとき、常に一歩先を歩いてきた。テクノロジーの最先端に身をおいてきたこの方が、次のように言い切っている。

「エンジニアにとって、感性と知識と経験が大切だ。特に大切な感性を磨くためには、まずおいしいものを食べること、次にいい女に興味を持ちつづけることが不可欠である。そして、人と同じ事をするな、前例主義はエンジニアにとって最大の敵である」と。これほど柔軟なスタンスを持ち続けなければ、偉業は成し遂げられないということだ。林さんの著作『世界最高のレーシングカーをつくる』は、ご自身の考え方がいかに実践されてきたかの歴史とも言える。林さんはどんなに大変なときでも、何かいつも楽しんで生きているように思える。人生は自分でつくり上げるもので、そのつもりならこうにもなるという記録である。

１９６２年日産に入社し、初めの頃はフェアレディＳＲ３１１やスカイラインＧＴＲ３９０

などのエンジン担当の一員としてレーシングマシンに携わっていたが、アメリカでマスキー法が可決されたことから、排ガス対策のスタッフとなり、日産の三元触媒を開発することになる。

再びレースに関わるのは１９８７年からで、日産総合研究所第四研究室長になったとたん、ＪＳＰＣ（日本スポーツプロトタイプカー耐久選手権レース）を制覇せよという命令を下された。その頃はまだプライベートチームのポルシェ勢がトップ争いを演じており、日本のワークスチームは彼等にやっとついていくぐらいで、挙句の果てに大部分がリタイアという状況だった。そして、日産、オーテックジャパン、ニスモと3社に分立しており、戦闘力を結集しにくい複雑な構成になっていた。すなわち、エンジンの開発だけではなく、社内のレース体制の改革から始めなくてはならなかったのだが、それにもかかわらず、3年目にしてシリーズチャンピオンを獲得したことで、ルマン24時間レースの責任者に抜擢された。林さんのつくったＲ９０Ｃ系のマシン（３５００ccＶ８ターボチャージャー、１０００馬力）は5台エントリーしたが、それまでの日本車史上最高位である5位に入賞という結果を残した。

１９９１年は湾岸戦争などで見合わせていたが、92年に世界の三大耐久レースの一つであるデイトナ24時間耐久レースに参戦する。1周目の最終コーナーでトップに立ち、その後24時間トップで周回を重ね、独走して優勝した。ちなみにこのレースの予選タイムは、ターボ付きマシンの記録として現在でも破られていない。24時間耐久レース用マシンは安全マージンを6時間加えて、30時間走り続けられるものでなければならないという。30時間というと、エンジンを1000万回以上回すことになる。そして耐久レースの24時間を一般走行に換算すると、エンジン消耗は40万キロ分ぐらいに相当する。耐久性として24時間で地球10周する計算になるということは、まず絶対壊れないという領域に入るということだ。長距離レースは年に1、2回程度しかなく、テストも難しいということを考えると、何年か前に同じ年の内にジャガーがデイトナとルマンの両方を制したのは、偉業といわざるを得ないと林さんは言っている。

その後、林さんは日産を退社、東海大学で工学部の教授をされ、そして東海大学発ベンチャー企業第一号の「マックフォース」を設立し会長に就任されている。すべてはモータースポーツをエキサイティングにするための活動である。モータースポーツのワークスチームを中心としたファミリー化が、レースをつまらないものにしているし、また、環境技術で連携が進む業界地図のもとでは、究極のクリーンエンジンは生まれないと主張する。レーシングカー技術を応用してさまざまな企業の技術開発のサポートができるだけではなく、それが産学連携を活発にする核になると。海外の大学は日本とは異なる企業的発想で企業と連動していろいろな成果を挙げているからだ。

トヨタに高橋敬三さんという方がいて、トヨタのF1技術コーディネーターをされている。もともと高級車のエンジン開発をされていたが、1997年アメリカでのレース用エンジン開発を命じられた。最初の3年間は全く勝てなかったが、ようやくトップの座を狙えるところまできた時、その手腕を買われ、F1への異動と「3年後に1勝を上げろ」という命令が下された。「1勝」はまだ果たされていないが、着実に上位に昇って来ている。

このことを考えたとき、林さんがもう一度力を貸して日産にF1の舞台に出てきてほしいと思うのは私だけだろうか。現実に日産がF1に挑戦するとしたら、日本のモータースポーツがもっと華やいでくるのは間違いないと思う。いずれにしても感銘を受けることは、林さん以外にレースの総指揮をとりながら、自分でエンジンをつくり、マシンをつくり、自分で乗ってチェックしていた人はまずいないだろうということだ。テストドライバーではないが、自分のつくったものに乗って感性の領域で知ろうとしていた。

この本以上にもっと知りたければ、グランプリ出版より出ている『レーシングエンジンの徹底研究』がある。ちょうどルマンに出た頃に書かれた、レーシングエンジンの名著である。

**『世界最高のレーシングカーをつくる』** 林義正 著　光文社 刊

**『新版　レーシングエンジンの徹底研究』** 林義正 著　グランプリ出版 刊

## 世界で最も有名なクルマ

このジャガーEタイプの所有者であり、著者であるフィリップ・ポーターがつけた大袈裟なタイトルは、イギリス人らしく、ある意味でシニカルな表現である。1961年当時、センセーションを巻き起こしたこのジャガーEタイプ・プロトタイプは、16年間広報車として、そしていろいろな人の手を経てフィリップ・ポーターの手元に来た。少々やつれたEタイプ・プロトタイプはそれから22年間、彼の納屋で眠り続ける。1999年4月になって納屋を出たこのEタイプにレストア・プロジェクトが開始され、そして100%復元された。

この本はEタイプの発表当時の状況、フルレストアの流れ、それにまつわる数々の物語がちりばめられている。

思いつきは誰でもできる。思いつきを具体化することは、潤沢な資本があっても必ずしもできないことは誰でも知っている。まして、必要性とか成果が約束されているようなものでなければ、ほとんどの人は手を出せない。それでもなし遂げようとするなら、唯一の絶対条件は、

「頭がおかしい」という言葉以外にないかも知れない。そしてそれが達成された時、その人にしかわからない大切なものが残る。それは、その人の周囲からもたらされる称賛や実利的なものに対して、較べようのないほどのものだ。

1961年、冷たい冬空の下、夕方7時、優雅なガンメタリックのプロトタイプが、英国のコベントリー郊外の何の変哲もない工場を滑り出た。この背の低い長身のマシンは翌日、世界中の取材陣が待つジュネーブに登場することになっていたのだが、よくあるお決まりの土壇場での遅れがいろいろとあった。

そのため、新車のプロトタイプを約1000キロ自走させて間に合わせなければならなかったのだが、これが、この車の性能を誇示する恰好の方法となった。ルマン優勝3回というスポーツカーの血を受け継いでいるということがあったとしても、記者発表会の20分前の到着は、このプロトタイプの伝説を始めるに十分な出来事だった。

コードネーム9600HPを持つこのジャガーEタイプのプロトタイプは、各国のジャーナリストが取材しているが、当時のトップドライバー、スターリング・モスまでハンドルを握っている。そしてまさにこれがジャガーEタイプのカタログになった車だった。Eタイプの生まれた1960年代初頭は、いろいろな意味で変革の時期だった。英国で避妊薬ピルが登場し、米ソの冷戦最中、ガガーリンがヴォストーク1号で初めて地球を回り、ビートルズがデビューした。ミニスカートは１９６４年になってからだ。そんな活気あふれる60年代の始まりにEタイプが出るまでは、50年代末にミニが登場して活気を呈したぐらいで、英国の自動車は実に平凡だったといえる。

50年代は、内部スペースや価格と信頼性、そしてエキサイティングな要素よりユーザーの満足度を重視した結果、性能は低く、ステアリングはシャープさに欠け、特にウェット・コンディションは怪しげなものが多い車ばかりだった。

その50年代が終わった頃に、最高速２４０km／hのEタイプ・ロードスターが約２１００ポンド（フィックストヘッド・クーペが約２２００ポンド）で発売されたのだ。同等の性能、特に最高速について比較しうる車としては、メルセデスベンツ３００SLロードスターが約４６５１ポンド、フェラーリ２５０GTは約５９５１ポンドであって、それらの半分以下の価格であった。０〜１００km／hまでの到達時間はEタイプ・ロードスターで７・１秒（フィックストヘッド・クーペで６・９秒）、フェラーリ２５０GTで６・８秒、アストンマーチンDB４で９・３秒だった。また、当時のフェラーリやアストンマーチンはフライホイールが軽量のため、高回転域を維持しなければならず、町の中の運転はとても大変だったが、その点でもEタイプは中低速域にトルクがあり乗りやすかった。

しかし良い点ばかりではなく、公平な論評では、ギアボックスが入りにくく旧式で、ブレーキには余裕がなく、シートはひどいと述べられている。耐久性と信頼性については、品質を気にせず、できるだけ部品代を安く抑えるというジャガーの方針に沿った妥協も見られるし、また「自分たちが一番知っているから部外者の意見には興味がない」という態度があったのも事実である。しかし、この最小限の装飾に抑えた美しいラインは「ハッ」とする程の何かを生み出している。

私も10年以上前に数週間乗るチャンスがあった。時速150キロぐらいの巡行がこれほど心地よい乗物はいまもってない。法的には許されない数字だが、それから私にとってジャガーEタイプ・フィックストヘッド・クーペの時速150キロが車選びの基準になってしまった。時速150キロの時のエンジン音と回転数、直進安定性と安心感、適度な密閉感と質感が最高だった。フィリップ・ポーターが持っている車の中で、この良くできたジャガーEタイプのプロトタイプの復活を世界中のジャガー・エンスージアストが支持し、成功させた理由は、実際にEタイプに一度乗ってみればわかると思う。ただし一つ条件がある。それはとても良く整備されていることだ。

『The Most Famous Car in the World』 by Philip Porter, Orion

# 夢のクルマがここにある

人によって、好みやわくわくするものが違って当然だし、まして夢のレベルになると「なぜそんなものが？」と理解できないものを挙げる人がいる。しかし、それは悪いことではない。今の段階で夢がかなわなくても、むしろまったく不可能な夢であっても、もし手に入れるとしたらというサーベイぐらいは楽しむべきだ。

最近の超弩級のブガッティ・ベイロン、カレラＧＴやマイバッハはたしかに桁外れにすごいのだが、やはり昔あった忘れられない車が欲しいと思うのは私だけではない。私は死ぬまでには、アバルト・ビアルベロで高回転をキープしてそれなりのワインディング・ロードを飛ばしてみたいし、街の中ではさりげなくフルレストアのファセル・ベガを足にしたい。将来、別荘を手に入れたらそのガレージには、コレクションとしてベントレー・マークⅡドロップヘッドクーペ、パッカード８４０、アストンマーチンＤＢ４クーペなどを置いておきたい。

買える買えないはさて置いて、そんなクルマが今どこにあるのか、そして手に入れようと考えるのなら、はじめに何を見たらよいのかといったイライラに応えてくれる雑誌がここに2冊ある。外国のクルマに限定されはするが、ほとんどの人の希望に応えてくれるはずのものだ。

ひとつは『Hemmings Motor News』というアメリカの個人売買情報月刊誌で、A4サイズ680ページのものだが、そこにもう新旧取り混ぜて外国車のほとんどがあるといって過言ではない。この雑誌の80%を占める売買欄を見てみると、ブガッティだけでも6台、シェルビー・マスタングが3台、メルセデス300SLが2台、あるいはマセラッティだけで35台も紹介されている。もちろんアメリカの雑誌であるからアメ車の欄は圧倒的に多いのだが、よくよく見ていくとニコラス・ケイジが主演した『60セカンズ』の原作となった、有名な『ゴー・イン・60セカンズ』に出てくる黄色のマスタング・マッハ1そっくりがあったりする。

この雑誌が楽しいのは、時々カタログ・ディクショナリーを編集することだ。アメリカのいろいろなスペシャルパーツ・メーカーのカタログをまとめて案内しており、取り寄せることができる。旧車用のホイール専門会社やチューニングメーカー、そしてガレージ用品専門メーカーのものなど、日本ではあまり見かけないものが多く載っている。いずれにしても、巻頭の約50ページのカラーページだけでも、存分に楽しむことができる。

この『Hemmings Motor News』が万人向けだとすると、『Sports Car Market』はクルマの世界で最高レベルのコレクターや投資目的で車を持つ人のための月刊誌で、アメリカで行われる最高レベルのクルマのオークションの案内が全て載っている。モントレーで開催されるクリスティーズをはじめ、世界のどこかで毎月開かれているボナムのオークションカレンダーとそこに出てくる主要な出品車の紹介の記事など。アメリカではクルマであっても文化的価値が高ければ、税金も優遇されるということがオークションに参加する動機にもなっているようだ。オークションによって、無料で入ることができるものもあるが、紹介と審査がないと入れないものが多い。

このような上級のオークションとなると、開催日の数カ月前に200ページぐらいの出品車のカタログが送られてくる。推定落札価格や、そのクルマのヒストリーが記載されており、思わぬ有名人の所有車だったりもする。いずれにしても最上のクルマだけが対象となっている。そんなオークションで落札した車を走らせるために、ヒストリックカーのレースイベントの案内も載っている。また、オークションに出されるレベルのクルマの個人売買欄にも、多くのページを割いている。

夢を見るためにこんな雑誌を見ているうちに、それが本当になるかもしれない。夢も見ない人は、何かが間違ってうまくいって金持ちになっても、何がよいのかピンと来ないので、ピンのクルマを手に入れることもできない。だからこの雑誌たちは、今、必要なくても常に手元に届けられるべきものだ。ページをめくりながら自分の潜在意識の中にひたすらセットすべき情報なのだ。どのくらいすばらしい情報を埋め込むことができるか、私などは、毎月そんなつもりで、涎をたらさんばかりに見ている。
ひたすら夢を見続けている者には、運は無視しないはずだから（?・）この雑誌たちのことは、余り人に教えたくはなかったのだが……。

『Hemmings Motor News』 Hemmings Motor News
『Sports Car Market』 Keith Martin Publications

## ＳＬＲに見る最高のモノづくり

モノづくりにおいて、ヒストリーやメモリーを大切にするということが、おざなりになっている。しかも、日本のほとんどのクルマメーカーの主力車種は、プラットフォームやエンジンは同じもので、着せ替え人形のような乗物であり、それを臆面もなく作り続けている。あたかもまったく違うネーミングを与え、コストのかかった最先端の「宣伝」技術を駆使したものであることをわかっているにもかかわらず、巧みに構築された流通システムのなかで、われわれは踊らされている。

海外のメーカーは、そういった日本のメーカーの戦略に対抗する手段として、同じような戦略より、「復刻」または「継承」をコンセプトにするという方向性をとっている。そして形の作り方におけるコンセプトが明確である。当たり前と言ったら当たり前なのだが、ＢＭＷのどの車種もメルセデスに似てはいない。基本的に、モノづくりの概念として、この考え方は大前提にあるべきでそれがプライドだ。それが希薄などこかの国のクルマたちは良い先例があるのに学んでいない。どこかボタンの掛け違いに気がつかないとしか思えない。

問題はメーカーにあるだけではなく、それを紹介し批評するべきジャーナリズムと、あまりに簡単に迎合するユーザーにある。それが国の経済政策と連動しているのだから、モノづくりが良くなるはずもない。

メルセデスベンツは、プライドを持ってこの考え方を如実に表したＳＬＲを作った。

ＳＬＲという名を冠したクルマは、グランプリマシンのＷ１９６をベースにガルウィングの最初の３００ＳＬ風のボディを被せたレーシングスポーツカーだった。１９５５年のタルガ・フローリオをはじめとし、当時のロードレースにおいて、メルセデスベンツの存在を完璧なものにした最強のマシンだった。そしてルマン24時間レースに参戦したのだが、モータースポーツ史に残る大惨事を起こし、それをきっかけにレース界から身を引いたことはよく知られていよう。

それから約50年たった今、ＳＬＲが現代におけるメルセデスベンツの最強マシンとして復活した。メルセデスベンツがダブルネームを許容した、しかもＳＬＲという名前をつけた最上機種のクルマについて、その全てを知ることができる『Mercedes-Benz SLR McLaren』という本が限定出版された。メルセデスベンツにとって、この名をつける意味は別格なのだろう。

それは、初期のＳＬＲがレースから生まれたということである。いまメルセデスベンツはレースでマクラーレンと手を組んでいる。だからF1テクノロジーをフィードバックした最高のクルマづくりという主題のもとに、このクルマはイギリスのサリー州のマクラーレン・オートモーティブで製作されている。

この車の性能については、現在の技術の最高のものが投入されているのは当然のこととして、ガルウィング・ドア、サイドエグゾースト、そしてエアブレーキ等、300SLRから受け継がれたコンポーネンツが復活している。それにしても、ツイン・スーパーチャージャー付きAMG5・5リッターV8から626馬力を発生し、時速334キロを出すこともできながら、最高のパッセンジャー保護機能を持ち、ポルシェ・カレラGTより高い実用性も兼ね備えているのだ。このクルマは、日産2台で7年間作り続けるそうだ。世界でわずか3500台の中の1台を手にするには現地価格で43万5000ユーロ（約6500万円以上）が必要だという。

近年、完成したマクラーレン・グループの本部、マクラーレン・テクノロジーセンターの中のファクトリーは必見だ。とてもクルマを作る場所とは思えないほど、細部にまで神経の行き届いた空間で、イギリスの英知と技術の集合体である。ヨーロッパは、ナショナリティーもブランドも乗り越えて、最高のモノづくりをしている。そこから生まれるこのクルマの全てを、この本は紹介している。形の好き嫌いはあるかもしれないが、プライドを持って作られたすばらしいものを確かめることができる。このクルマの購入はいま無理としても、世界で2万部のこの本は、無理しなくても買える。

『Mercedes-Benz SLR McLaren』 by Herbert Volker / David Staretz / Davi Maxeiner, Motorbuch Verlag

# 第2章　クルマとバイクをめぐる旅

## 毎年楽しみなグッドウッドの便り

グッドウッド・フェスティバル・オブ・スピードをご存じだろうか。イギリスの南端サウス・サセックスのグッドウッドで1993年以来、毎年開催されているヒストリックカー・イベントで、クルマが主体であるが、もちろんオートバイも数多く出場している。

そもそも、イギリスのマーチ伯爵というモータースポーツ愛好家が、所有する土地の一部をモータースポーツ・エンスージアストに開放し、過去の名レーシングカー、名レーサーに走らせようという試みで始められたもので、その時代、そのレースシーンの再現である。全長たかだか約2キロの幅狭いコースに、100年位前の車から前年のF1マシンまで、基本的にそのマシンを操ったレーサーが乗って走るもので、コスチュームもその時に使用したものを用いることになっている。今では年老いてだいじょうぶかと思われるような往年の名ドライバーが、ヘルメット、グローブまで当時のものを持ち出してきて、ただ走らせるのではなく、コーナーでそれなりのドライビングやライディングを披露してエンスージアストを楽しませる。

だいたい、こんなクルマやバイクがどこにあったのかというものばかりなのだが、そんな大変なことを3日間も続けるという、なんともすばらしいイベントだ。エンスージアストに配慮して、コース全体に藁のクラッシュブロックが並べられる。そしてそこを走る車は、世界に1台しかないものなのに、時々スピンしたり、クラッシュブロックに突っ込むなど、真剣そのものだ。

たとえば私の好きな2001年のイベントでは、スーパーバイクのカール・フォガティが彼の優勝したドゥカティ996SBRで走った。そして彼が勝ったときによくやるようにウイリーする。また、乗っているのはスティーブ・ウィーンだが、マイク・ヘイルウッドがマン島で乗ったドゥカティ900SS・TTが轟音をたてて駆けていく。RC149をルイジ・タベリが駆り、ジム・レッドマンがRC181で走り、そしてワイン・ガードナーがロスマンズ・カラーのNSR500でひかえめなリーンインを演じている。その後なぜかパリ・ダカール・ラリーに出場したゴロワーズ・カラーのBMW-F650がコースラインを無視して走る。オンオフ関係なく同じ場所で、走りを、音を、時間を超えて楽しめるのだ。

クルマのステージでは、こんなにいろいろ出てきては来年のイベントはどうなるのかと心配になるぐらい盛りだくさんで、すばらしい。ニキ・ラウダがフェラーリ312T3で出た後に前年のF1優勝マシンのフェラーリF1・2000が走り、その後なんと、スターリング・モスがメルセデス300SLRで、しかめ面をして出てくる。そうかと思うと、100年も前の1902年パリ・ウイーンを走ったルノーがクラシックな走行を見せている。ティモ・マキネンがモンテカルロ・ラリーで勝ったワークスミニで、同じく1976年に優勝したランチア・ストラトスが走る。この映像の流れがこのイベントの流れと一致しているのかどうかはわからないが、脈絡なしとしてもおもしろい。前年のマクラーレン・メルセデスF1が走ったかと思うとアルファロメオ・ディスコボランテ、そしてアルファロメオ3000CMが走る。少し前のイベントでは20世紀初頭から活躍したメルセデスのレーシングカーが招待されていて、W25、W154そしてジョン・サーティースが操るW165が走っていた。

そんなクラシックな雰囲気のあと、いきなりボブ・リッグルが彼のドラッグレーサーで火花を散らしながらウイリーランをする。プリムス・バラクーダ427、ダッジ・チャレンジャー426、トランザムのウイニングマシンのマスタングなどなど。

走行ステージを楽しむエリアとは別に、新旧のレーシングマシン、特別に作られた車、名だたるヒストリックカーが芝生の上に展示されている。何のディフェンスもガードもなしで、人目を気にしなければ、シートに座ることさえできそうなほどだが、それをする人は誰もいない。ここに集まる人々は触れようともしない。マナーの良さは感嘆に値する。ビザリーニなどが無造作に置かれていて、もしオーナーがそこにいれば、エンジンをかけてもらえることもあるという。これはクルマ、バイクのイベントの究極であり、乗物が好きな人々のための時間を超えたフェスティバルである。満員の東京ドームの2倍以上のひとびとが3日間ここを訪れていることになるというのに、このイベントは僕らがよく目にするガードマンとロープやフェンスに囲まれたパレードや展示会ではない。主催者のおしゃれな心意気を参加する人々が十分理解しており、リラックスしながら楽しめる空間であることがうらやましい。金持ちが自分の持ち物をこれ見よがしにしているのではなく、すばらしい乗物は動いて当然であり、近よって好きなだけ見てもいいという大らかさがある。

こうした雰囲気を、ビデオやDVDを通じて味わってみてはどうだろうか。どの年のグッドウッドにあなたは最も興味があるか――それには全てを観る必要がある。そして来年は行って見たくなること請けあいだ。

『GOODWOOD FESTIVAL OF SPEED 2001』(video) Green Umbrella Productions
『GOODWOOD FESTIVAL OF SPEED 2002』(video) GOODWOOD ESTATE
『GOODWOOD FESTIVAL OF SPEED 2003』(DVD) GOODWOOD ESTATE
『GOODWOOD FESTIVAL OF SPEED 2004』(DVD) GOODWOOD ESTATE

## サーキットを知ろう

オートバイのトップランクのレース、モトGPでは、2002年から各メーカーこぞって4ストローク・マシンを出場させた。その第1戦、雨の鈴鹿、それまでの2ストローク・マシンとの混戦でトップから4位まで全てを4ストロークが制したのは驚きだった。

同じ年、四輪ではトヨタがF1に初出場し、6位入賞を果たした。コンストラクターとしてトップランクの歴史を誇るマクラーレンでさえ、F1初年度は計3ポイントだったし、一時無敵であったウィリアムズにいたっては、最初の年は鳴かず飛ばずだったことを思えば、トヨタの入賞は注目に値した。

乗物好きにとって頂点のレースはやはりモトGPとF1だが、そうしたファンでも、意外と海外のサーキットを知っている人は少ないようだ。DVDを見るにしても、どこのサーキットのどのコーナーがどんなコンディションだとか、レーシングライダーやドライバーにとってクリッピングポイントがどこだとか、どのくらいのRなのかなどが分かればもっと楽しいはずだ。

我々の知っている日本のサーキットは、おおむね外国人ドライバーには好評だが、これみよがしに減速のためのシケインが設定され、作りすぎというか、今一つという部分もある。歴史の古いヨーロッパのサーキットは、単なる工作物で観衆を防御するのではなく、試行錯誤をくりかえしながら今にいたっている。

イギリスのモータースポーツ誌AUTOSPORTが毎年発行している『EURO CIRCUIT GUIDE』という本がある。ヨーロッパの主要なサーキットを網羅し、そのサーキットの全コーナーを詳細に図面で解説している。もちろんそのサーキットまでのアクセスから内部の施設説明、ホームページのアドレスから、ラップレコード等、これ一冊あれば、ヨーロッパのサーキットめぐりが可能である。

サーキットに対する意見や見解をいろいろな人が書いている。たとえばエンジンにいちばん苛酷なサーキットは、デーモン・ヒルいわくモンツァだというし、ペドロ・ディニーズが言うにはカタルニアとのことだ。F1で最多のチャンピオン、ミハエル・シューマッハーが一番好きなサーキットはスパ・フランコルシャンで、それは無理やり人が手を加えたところがないから良いのだそうだ。そしてF1のトップ・ドライバーが口をそろえて挙げる好きなサーキットに、モンツァ、ホッケンハイムと並んで鈴鹿が入っているのは嬉しいことだ。

タイヤに厳しいサーキットは、カタルニア、スパ・フランコルシャン、イモラ、ホッケンハイム等、高速タイプのサーキットで、意外にタイヤにとって楽なところはモナコだという。しかしミッションにいちばん負担がかかるのがモナコなのだ。ホイールスピンを起こしやすいコーナーが多いし、シフトの回数もいちばん多い。イタリアのモンツァは直線の多い高速サーキットなので、ブレーキのディスクプレートが冷えて温度が上がらないし、ベルギーのスパ・フランコルシャンは2つの高速コーナーがあり、路面も良くないところがあって、度々サスペンションが壊れることがあるそうだ。スペインのカタルニアは、最終コーナーがポイントで、抜け方しだいでそのあとの長いストレートに大きく影響するといわれている。そして難しいコースだが、安全性が高く、よくできた設計がなされている。その最終コーナーは下りなので、難しいと同時にタイヤにも厳しい。

このガイドでもっとも多くページを割いているサーキットが、ドイツのニュルブルクリンクである。アイフェル山中ニュルブルク城の周囲に作られた1周22・835キロのワインディングコースで、170以上のコーナーがある世界一の難コースとして有名だ。今はこのロングコースは北コースと呼ばれ、レース用というより、各メーカーのテストコースとして使われることが多くなっている。イメージとしては、箱根ターンパイクと伊豆スカイラインが一方通行となり、さらに拡張され、制限速度はなくなり、好きに走ってよいということになったと思って欲しい。路面は通常のサーキットほどではない。また見通しも良いとはいえないコーナーが多いのだが、サーキットにはめったにない１キロ以上のストレートもある。

このサーキットガイドは、北コースの全てのコーナーと走るべきラインを図に示している。

このガイドを手元に置きつつ実際の北コースを知りたければ、よいＤＶＤがある。ドイツの有名なポルシェ・チューナーであるルーフが制作したもので、ルーフＣＴＲ（４００ＨＰ）をステファン・ローザが運転し、コースを２周して究極の走りを見せてくれるのだ。オンボード映像は、あまりに凄まじく、目を離せない。前を走っている全てのバイクと車を抜き去り、コーナーは完璧ともいえるパワースライドで駆け抜けてゆく。ステファン・ローザは、ヘルメットもグローブも身に着けていない。このサーキットはそれで良いのか、いずれにしても驚きだ。

このＤＶＤを見て、サーキットガイドを手にヨーロッパへ旅立ってはいかがだろう。

『Euro Circuit Guide』by David Walton, What's On Motor Sport Ltd
『RUF Portrait/Faszination Auf Dem Nurburgring』（DVD）RUF

# パリ・ダカール、そのある側面あるいは穿った見方

年々コースは変わってはいるがパリからダカールまで、概ね旧フランス領で、フランス語が通用する国を通過する、フランス人の考えたフランス人のための、と言えなくもない探検サバイバルイベントとして始まって、すでに四半世紀以上が経った。こんなにものすごいイベントの最終地点が、昔はフランス領の都市でアフリカ人を奴隷として輸出していた主要基地でもあったダカールなのだ。美しいが特に何もない所だと行った人は言う。

どうも最近読んだ清水馨八郎さんの『破約の世界史』が頭の中にあって、ひところのパリ・ダカを見ていると、パリからダカールまで約２０００人の最新鋭最速機甲部隊の移動訓練のような気がしてきていた。文明の力の表現だったのか。しかし１９９５年にパリ・ダカの総責任者になったオリオールにより、レースをよりアマチュア主体にと、初期のパリ・ダカのスピリットを取り戻そうという試みが徐々になされてはいる。あたかもワークスメインのレースの状態から変わりつつあるが、マシンのコストが跳ね上がっていただけではなく、レース運営もか

なり厳しくなっていたことが問題だったからららしい。

1979年、第1回が行われた頃は、ベスパからロールスロイスまで出場していた。まさに「何でもあり」に近いイベントだった。フランスのヤマハ・インポーター、ソノートが積極的に協力し、大挙してバイクも参加していた。第1回目のバイク部門のトップはXT500（今も販売され続けているSRと同じエンジンの重いオフロード）だった。当時のパリ・ダカを考えると、これはレースなのか、アドベンチャーイベントなのかわからない部分が多かった。

出場した人の話では、参加者の約1/3がレースではなくアドベンチャーイベント参加だといわれていた。しかし日本人好みの考え方「参加する事に意義がある」的な発想ではなく、「ただひたすらトライする」「限界を超える」ためにやっているのが本音だった。

美しい砂漠の夕日は、ファラオ・ラリーにだってある。中継地点のなごやかな夕食、槍をもった民族衣装のアフリカ人、砂を巻き上げて走るカミオンなどを見ただけではパリ・ダカを語れない。醒めているのでもなく、皮肉った見方をしたいのでもない。一回のレースに億単位の金をかけ、万全のサポート体制のワークスは良いのだが、全参加者の2/3はプライベート・プラスアルファなのだった。この必死で勝負しているドライバー、ライダーのことをもっと知られるべきだと思う。そこに本当のドラマがあるのだから。

本気でレースをしている連中は、朝スタート時に渡される昼食用のクラッカー等の食物は捨てていくそうだ。走り出したら小用もせず、何しろ前に進む事しか考えない。止めなくてはならない状況、たとえば砂漠の入口で、タイヤのエア調整のために降りた時についでにするぐらいだという。

朝から夕方までひたすら走る。砂地であろうが石だらけのダートであろうが、あるスピードを保たなければかえって危険らしい。それと、ある程度グルーピングの中で走っているから、置き去りにされないためでもある。そうとうな経験者であっても、荒地を早く走ることとナビゲーション能力を併せ持つ人は少ないから、景色など全く見ている暇はない。DVDで見てこんな美しい所を走っていたのかと、後でわかると経験者は言う。だからナビゲーション能力のある奴を先に行かせて、それに続く集団となる。あと数十キロで間違いなくゴールが見えてくると、そのナビゲーション能力のある奴を抜いてすっ飛んで行く。特にバイクはそのパターンが多いので、タイムは数分の差が多いそうだ。もし迷ったら、夕方には着けず真夜中になると思った方がよく、バイクの出発時間は早朝なので寝る時間が減って、それが翌日に影響する。

そんな状況で必死に走っていると、たまにヘリや報道用の飛行機がやって来る。スポンサーのこともあって、撮影されたいから派手な走りをするらしい。よくDVDに映っている転倒シーンはどうやって撮ったのかわからなかったのだが、そのような時の無理したやりすぎが転倒シーンを結果生み出してしまうことがあるらしい。

ワークスでないかぎり、レース中にマシンが大破し不動となっても、2日位は誰も助けに来ない。自力でなんとかするか、たまたま後から来た者に助けてもらうかであって、それもなければ3日目位にヘリか飛行機が来る。マシンは置いたまま人だけ助けて中継地点まで送ってくれるのだが、マシンは手配するなり、自分でトラックなど雇い、拾いに行かなければならない。アフリカの人達にとっては毎年の事だし、大変な儲けになるから、よってたかって助っ人が集まり、集まった分だけ高くつくことになる。しかし、そんな事が当たり前のこのレースに本気で出ている人達をよく見ると、なぜか50歳以上の人が多い。カミオンを操る老人は、アフリカのことならまかせとけと言わんばかりに鬼のように飛ばす……。

ここに紹介するDVDは、パリ・ダカールのオフィシャル映像で、もうこれはよくできた映画といえる。1979年の第1回から1992年までのダイジェスト総集編で、パリ・ダカールを知るにはこれがベスト。パリ・ダカールを知ることで、この何か安楽な日本から、気持ちだけでも冒険に出よう。

『L'HISTOIRE DU PARIS-DAKAR 1972-1992 LA LEGENDE DU DAKAR』（DVD）A.O.C Sport

## 公道レースを考えてみよう

日本でも、ようやくＷＲＣラリーが北海道で開催されるようになり、それなりに成功を収めている。しかし相変わらず、それ以外の公道を使用したレースの可能性は望むべくもないという現状だ。

少し前のことだが、避難解除された伊豆の三宅島の産業復興策として、石原東京都知事が三宅島周遊道路でマン島のようなオートバイレースを開催してはというアイデアを掲げたことがあった。コンセプトは最高である。この都知事の夢のあるアイデアは、最近のニュースによればどうやら実現に向けて動き出すらしい。ただ三宅島の地図をよく見ると、周遊道路は大半が海沿いの崖の多い道路なので、レース向けには多大の道路整備費がかかりそうだ。三宅島復興のためというアイデアとしてはベストだが、現実的にはマン島と比べかなりの違いがある。私はむしろ伊豆の大島のほうが、はるかに可能性を持っていると思っている。

大島の周遊道路は半分以上、直接海に面していない。東京や伊豆方面から近く、宿泊施設も整っている。東京より高速船で2時間以内のアプローチが可能である。主催者は大手バイクパーツメーカーが集まって、主催する組織をつくり、日本のホンダ、ヤマハ、スズキ、カワサキが資金を出し合えば、すぐにでも可能であろう。

　マン島ではプラクティスを含む４日間に、４万人もの観客が訪れる。純粋にビジネスとして伊豆の大島を、タイムトライアル向けの公道サーキットの島としてプランニングすれば、オートバイだけではなくカート、自転車からマラソンまで多岐に展開できるだろう。しかし、公道レースの考え方をさらに飛躍させるならば、モナコではＦ１ＧＰが公道でいまだに開催されているのだから、Ｆ１ＧＰとて夢ではないのだ。石原都知事の好みでマン島ＴＴレースの夢が語られたのかもしれないが、むしろモナコＦ１ＧＰをターゲットにトライすべきなのだ。もし、モナコレベルのレースが可能となれば、マン島ＴＴレースの比ではないほど経済波及効果は莫大であろう。それこそ東京から近い三宅島、利島、式根島、神津島、新島の利用率は飛躍的に高まる。お台場周辺にサーキットを作るというアイデアも過去にはあったようだが、周辺を海で囲まれた島という立地だからこそ可能なイベントの発信地として、伊豆の大島は最適ではないだろうか。

　ここに、『TT Circuit Guide』というＤＶＤがある。これはタイトルどおりマン島のサーキットガイドで、オンボード映像で一周約60キロの公道コースをすべて見せてくれる。そして名ライダーであるD・ジェフリュースが各コーナーの攻め方やコーナーのライン取りを解説している。このDVDを見れば判るのだが、よほど危険な場所でないかぎりエスケープゾーンやクラッシュパッドを設けていない。路面もなかなか良いとは言いがたいのだから、このコースを走ることは、サーキットなどよりはるかに難しく、危険である。しかし主催者、出場者、観客、住民のすべてがとてもよいリンクの下に、このイベントを楽しんでいる。このマン島で、レースが約100年以上も続けられてきているということは、ここにかかわる人たち全員の気持ちが一つになっているからなのだろう。

1989年の初版だからだいぶ前になるが、作家の村上龍さんが取材して書かれた『BIG EVENT』という本があった。取り立ててF1GPファンでもない村上さんがモナコGPに行って書かれた章があり、これがずっと頭に残っている。モナコとそこで繰り広げられるF1GPが、実にエキセントリックに語られているのだ。モナコはとりたてて歴史があるわけでもなく、マイアミのように広くもないのだが、フランスとイタリアの境にあるという立地に価値があるようだ。そして良くも悪くもはっきりした個性がある。

広大ではあるけれど東京という都市には、下町のある一部を除いて、はっきりした個性が町にはない。スプロールしながら発展するとき、行政が明確な線引きをしてこなかったからだ。伊豆の島々もそれほどの個性はない。でも、石原都知事の提案をもし皆がサポートすれば、立地に関しては「島」という明確な区切りがあるし、東京という膨大なエネルギーを背景としているのだから、すばらしい別天地を作ることが可能である。鈴鹿サーキットは主要な都市から離れすぎている。富士スピードウェイは、山岳地帯のコースで、そこに文化は生まれにくいのではないだろうか。日本のモータースポーツの聖地を、島に作ってはどうだろうか。

『TT Circuit Guide Race it Ride it Watch it!』（DVD）Duke Video

# 予測不能な旅への誘い

テクノロジーが躍進しすぎて、全てのものの流れが速くなっている。スピードがキーワードとなっている。ビジネスの世界では当然といえるが、生活の中でそれほど速い必要はないのではないかと思う。速過ぎると何もかも置き去りになる。大阪に2時間半で行けることに必然性のある人にはよいのだろうが、私などはオリエントエキスプレスなみのゆったりしたスピードと装備で、旅をしたいといつも思っている。子供の頃、そう50年も前の話だが、東海道本線で神戸まで行ったことがある。半日以上かかった。今でも思い出せる車窓から見た風景はゆっくりとしていて、線路わきの家々の生活が垣間見え、肌で感じられて退屈しなかった。今の新幹線で外を見ても動体視力の向上には役立つかもしれないが、心に風景を刻み付けることはできない。私にとって新幹線は昼寝の箱でしかない。今、感性を楽しむ旅が少なすぎる。ただ速くなることは、いったい人に何をもたらしているのだろうか。

世の中には、そういった意味でまったく逆に生きている人がいる。永瀬忠志さんという。19

歳の頃から日本国内をはじめ世界中、リアカーを引いて歩いている。30年間、仕事の合間に歩いた総歩行距離は4万キロを越え、すでに地球を一周したことになる。人力でリアカーを引いてサハラからカラハリまで行っている。アルミ製のリアカーを使っているが、それでも数日分の食糧や水を載せると80キロにもなるという。この方は、全ての風景を見ているのだろう。なぜリアカーなのかと考える必要はない。そんなことは誰にも分からない。

そして、内燃機関付きで最も遅い乗物に乗って旅をする方もいる。シェルパ斉藤こと斉藤政喜さんで、月刊BE－PALに連載されたその日本縦断の旅行記が、単行本化されている。タイトルは『耕うん機オンザロード』。クボタの排気量280ccの耕うん機を解体屋で2万5000円で買い、モディファイして旅をしている。平均時速8キロ、燃費は10キロ／リットル。時速15キロは出るとのことだが、その速度だと振動と騒音に耐えられないらしい。時速8キロの世界には、その速度でしかありえない世界があり、日々めまぐるしく都会に生きている我々の想像を絶するものであろう。ゆっくり進むと、ゆっくり風景が後へ行く。多分運転しながら道を歩いている人に何かを聞くのに、止まらなくてもすむぐらいだろう。

一般に人の歩く速度が時速4キロとされているから、早足かジョギングのレベルだ。マラソンの世界トップランクの男子が時速約20キロ、高橋尚子は約18キロで走っているのだから、時速8キロの耕うん機で日本縦断をしているこの斉藤さんはすごいと思う。いろいろな出会いを求めて旅する道具として、これは最高だ。耕うん機だから人を威圧したりしないし、気取りもない。ましてスピードが遅いから、運転に神経を集中しなくてもよさそうだ。人の動く速さの中で、気楽なのがいい。

私たちは何かを考え何かしようとするとき、それに対してすぐ予測しようとしてしまっている。そして予測可能なことが大前提で生きている。予測することが大切なことだという認識で全てが動いている。ところが、最も遅い乗物で、ただひたすら前に行く――これほど、予測不可能なことはないかも知れない。速いことより遅いことの方が、考えてもみないことが起きる。

この本は、とても多くの不測の事態や、想像もしなかったいろいろな出会いで満ちあふれている。また、他にも耕うん機の旅をした方がいて、紹介されている。埼玉県で農家を営む方で、23歳の娘さんとふたりで北海道、東北を54日間５０００キロの旅をしたという。耕うん機の性能がどの程度だったのかはわからないが、１日１００キロのスケジュールで、朝から晩まで走り続けた旅だった。普通、若い女の子が父親とそんなに長い旅を、まして耕うん機でするとはちょっと考えられない。実にすごいことだ。その旅はすごく楽しかっただろうし、その娘さんにとっても一生忘れられないものになっただろう。

斉藤さんが言うには、耕うん機の旅は想像以上におもしろく、旅が進むにつれて移動する速度がますます遅くなるそうだ。１９９８年に北海道の知床岬からスタートしたこの旅は、２０

０３年に沖縄波照間島に到達して完結した。後半の長野以西の分も『時速8キロニッポン縦断』として刊行されている。

この斉藤さんの他の著書に『日本縦断オフィシャルガイド』というのがあって、これはスローな旅をしたい人必携の、ルートマップと道沿いの見どころ情報など細かなポイントをついたガイドブックである。やらせではない気持ちのよさが伝わってくる写真がとても良いのだ。巻末に日本縦断オフィシャル装備の説明が付いている。こんなものだけで大丈夫なのかといっては叱られるかもしれないが、とてもシンプルだ。

スピードが速いということが何かこの世の一つの規準になっているいま、この旅行記とガイドブックは、すばらしいアンチテーゼだ。

**『耕うん機オンザロード』** 斉藤政喜 著　小学館 刊
**『時速8キロニッポン縦断』** 斉藤政喜 著　小学館 刊
**『日本縦断オフィシャルガイド　東日本編』** 斉藤政喜 著　小学館 刊

# 第3章　好きだからあえて言いたい

# 地球の破局を遠ざけるために

60歳にもなった私は、クルマはガソリンで走らなければクルマではない、という観念を捨て切れていない。私の子供のころ、１９５０年代は、今より圧倒的に車は少なかった。外国製のクルマの排気ガスを吸って、いい匂いだと思っていた。だから、あの匂いを出すクルマを持つことが夢だった。

日本で初めてのＦ１が富士スピードウェイで開催されたとき、パドックまで入れるチケットを買い、間近でマシンのエグゾーストノートとレースガスの匂い、そしてサーキットという開放された空間を揺るがすほどの爆音に、心は高ぶっていた。当時はパドックのそばに囲いもなく、Ｆ１マシンに触ることもできたし、メカニックと握手したりとかなり自由な雰囲気もあった。人の五感の全てに、直に強烈に訴求していたから、今でも生々しく思い出すことができる。五感に訴えるもののどれか一つでも、もし欠けていたら、あんなすばらしい体験記憶をいまだに持ち続けられないと思う。だから当然、自動車メーカーは内燃機関を捨てず、より高効率なエンジンを開発し、クリーンな環境を維持できるようにがんばるべきだということ以外考えられなかった。

そんな私がこの本を読んで愕然としてしまったのである。

それは、環境問題を中心に広く論評、執筆活動を積極的にされ、ラルフ・ネーダー氏の招待でアメリカにまで呼ばれたほどの船瀬俊介氏の著作『疾れ！電気自動車』である。この本のタイトルは、クルマに関係する人か、ＥＶ（電気自動車）に特別興味を持った人しか手に取らないイメージなのだが、先端技術としてのＥＶの紹介でも、開発の苦労話でもない。この本は、人類に対する警告書といっても過言ではない。

このままでは、地球はエネルギーの非効率な浪費や配慮のなさなどにより、温暖化し環境は悪化しつつあるといわれて久しいのだが、規模が大きい話になるとなんとなく実感がわかず、目先の日常に振り回されてそこまで考えないものである。しかし、あの9・11のテロにあったアメリカ国防総省でさえ「温暖化の脅威は、テロより恐ろしい」と警鐘を乱打しているのだ。そして「人類は確実に、温暖化により死滅する。海水面は上昇し、砂漠化は加速し、食物は絶滅し、残るのは大気まで失った砂の惑星である」と。

それは相当先のことであろうが、いずれにしてもその方向に向かっているのは間違いない。世界の先進国の石油消費量の約半分、15億トンもが自動車用燃料なのだそうだ。現在のＥＶは、火力発電による充電であったとしても、ガソリン車の3倍も走るとのことだ。つまり、クルマをEV化するだけで、5億トンですむことになる。また地球上の$CO_2$全排出量の20%はクルマからである。全てのクルマをEV化すれば、14%も一挙に減らすことができる。現在のEV車は、充電は15分で済むほどのレベルにまでに開発されており、基本的に部品点数はガソリン車の60%ぐらいだから、大量生産すれば、相当安くなるであろう。

クルマのなかでも、輸送用や業務用のものはEV化されたほうが効率的だし、できるだけ早くそうなったほうが良い。長距離輸送で積載荷重を要求されるトラック等はまだ難しいだろうが、バスや宅配用のクルマはEV化されるべきだ。しかしだからといって、すべてのクルマがEVになることが良いとは思わない。私の勝手な思いなのだが、純粋に趣味のクルマはやはり内燃機関を持ったものでいて欲しいと思う。必要な道具と、愛すべき趣味のものとをはっきり区別し使い分けることができないのかと。両方を兼用できるような便利さを売り物にして、数を売ることに邁進しているクルマのメーカーに、この本を読んでもらい少しは考えさせなければならないと思う。そしてまた、エンスーであればこそ読んでほしい本でもある。うかうかすると、ガソリン車の町の中乗り入れ禁止ぐらいのことが地方条例で決まりかねない。それも、いまさらのことを何かマスコミがヒステリックに騒ぎ立てれば、役所も動き出したりする。最近の道路交通法の駐車禁止の強化や、過敏すぎる飲酒運転の取り締まりなどなんと言うことだ。

いまさらの禁止を強化すれば何とかなるという考え方自体次元が低く、後手に回った対策ではないか。

人間が培ってきたすばらしい文化的財産を残しながらでなければ、新しい文化など築くことはできない。最近の、早く安全に移動できる道具だけしか作れない自動車メーカーのクルマは、文化を担うことはできない。エネルギーについても、随所に、船瀬さんの怒りと叫びをよく聞いてほしい。

『疾れ！電気自動車――人類の未来を救うクルマはこれしかない』船瀬俊介著 築地書館刊

# 最近のレースがつまらないのは、なぜ？

道具がないと遊びができない人が、特に若い人に増えているように感じる。マニュアルのいらない、またはそんなもののない世界に住むことができなくなっているようだ。昔は、ただの原っぱで、ポケットに何も入っていなくても、子供は遊びを見つけていた。そう「アドリブ」——子供のころの遊びは常にアドリブの世界だった。特に自然の中では自然自体がアドリブだらけで、一つとして同じものがないから、体で感じるままにやるしかなかった。何かするにも厳密に条件が同じということはないし、同じことをしても、なぜか得する奴がいたり損する者がいたりした。たまたまとか偶然とか、それしか言いようのないことが折り重なって起きる出来事を、見ている人たちも、掛け値なしに面白がって楽しんでいた。予想がつきそうでつかないことのほうが、する方も見るほうも面白かった。今、誰もそんなことを忘れかけている。

本当に面白いというのは、ルールがほとんどなくて、状況があまり予測できず、うまくいってもいかなくても、言い訳がほとんどできないようなものなのだ。それは、精緻なメカニズムのせいにできない、詳細なスケジュールによるトレーニングなども必要としないようなものであろう。そんな遊びや競技を見ていると飽きない。その場面でただ口を開けて呆然としていても面白いし、するほうはするほうで、勝ち負けよりもそれを楽しむことに夢中になってしまったりするものだ。

確定要素だらけの場所で、確定条件の下に、ほとんど変わらない性能の道具を使って行う競技は、実に知的な反面、面白くない。ショー的アクロバットを売り物にするようなものでしかないと感じる。とてつもないお金をかけたF1やGPなど、面子をかけたクルマ／バイクメーカーや、それをうまく宣伝に使おうとしている巨大スポンサーのビジネスステージだといったら言い過ぎだろうか。それはそれなりに一見すると見ごたえはあるのだが、いまひとつ面白くない。全てがすばらしくでき過ぎていて、見ている人になんらリンクするものがなく、核心はブラックボックス化されていて、コントロールされた情報だけを頼りに、それを理解しながら観戦するからなのだろう。ほとんどテレビゲームの世界に近くなっている。だから、呆けて口を開けたまま見入る、などということがない。

刹那的という言葉をそのまま競技にしたものに、ドラッグレースがある。この競技にしても、ジョン・フォースなどだいたい勝つ人とマシンは決まっているし、ほとんど結果が見えている。オートバイの競技にもいろいろあるが、できるだけ自然を相手にしたもののほうが面白い。

アメリカに、メジャーなレースではないが、ヒルクライムというのがある。これは面白い。向こう見ずな100人ぐらいのライダーが、アメリカのよくある草原にそそり立つ急斜面の丘を、ノンストップで駆け上がるだけのものだ。一応コースらしきものはあるものの、一番いいコースのラインを前のライダーが走ってしまうと、必ずしもそのコースが良いとはいえなくなる。ほとんど垂直にしか見えない場所もあって、ダートバイクでトライアル・ライディングしているようなものだ。

ヒルクライムするコースも特に枠で囲われておらず、見る人たちもよくこんなところにと思うほど集まった数百台のクルマから見ている。レースに出ているほとんどがスイングアームを伸ばした2ストロークの軽量モトクロッサーだが、何を考えたか、空冷4ストローク4気筒のスズキやカワサキをモトクロッサーに積んだものや、空冷2気筒のトライアンフを積んだものまでが、同じコースを走る。そして、ヒルクライムに成功している。これなど、ヒルクライムのプロなのかもしれないが、マシンの重量にかなり差があり過ぎる。レギュレーションがはっきりしないが、アメリカ人のすることは面白いし、無茶だけど楽しい。マシンが浮き上がりひっくり返るなど当たり前で、落ちたライダーに後からマシンが降ってきたり、途中で失敗するライダーの危険なことこの上ないのに、数百人が集まって楽しいパーティーをやっているような雰囲気で、実にうらやましい。イベントとしての道具立てなどほとんどなく、みんなでわいわいやっている。

90分と長いこのビデオの80%がヒルクライムのシーンなのだが、見ていて飽きない。お金をかけたイベントなんて、金額にはびっくりするかもしれないが、このヒルクライム・イベントはその対極にある。誰もが楽しめるプリミティブなバイクの遊び・競技の究極のひとつとして、これはぜったいに数えられる。東京ドームのようなインドアでよく行われるスタジアム・トライアルの競技や、ロードレースのサーキットで開催されるスーパーモタードのレースは催し物的色彩が強すぎて、なぜかワクワクしない。本来遊びの延長にあったであろうオートバイのレースについて、こんなフィーリングを抱き続けているのは私だけだろうか。

誰でもこのヒルクライムのビデオを見たら、原点に回帰したくなるはずだ。


『The Great American HILLCLIMB』(Video) Big Sky Video

# メカニズムを知るために、これさえあれば……

日本語の乱れがとやかく言われているが、最近は度を越している。「乱れ」とは、基本とか基準の中にあって、それに部分的に適合しないとか、イレギュラーな状態が生じていることを表す言葉であって、当然、比率として少ないか、多くても一時的な状況であるはずなのだが、昨今の言葉や会話は基本や基準からしてない。起承転結どころではなく、単語の意味すら間違っている。話し方が雑でも、単語さえしっかりしていれば通じるはずなのだが、特に多いのが、何かを言いたい、伝えたいと思った時に、擬音的表現に頼るというパターンだ。擬音的表現が多すぎて、それはもう幼児の領域に入り、フィーリングの話だけでしかない。ことメカニズムについて、チューニング以前のレベルでも、このフィーリング的、擬音的表現でしか話をしない、いやできない人が多すぎる。

「オートバイは好きで乗っているのだから、メカニズムはとりたててわからなくてもいいじゃないか。メカニズムを知らない人は乗ってはいけないのか」と逆に質問されてしまう。

こういう話になってしまうこと自体が変だし、そんな状況を作ってしまった責任は、まず第一にメーカーにあり、ジャーナリストやバイク屋、クルマ屋、そして本屋にある。世界に冠たる日本のメーカーは素晴らしいものは作るが、作って売るだけだ。それがいかに良いのか、性能はどうか、どう使うのかという説明はなされているが、なぜどうして良いのか、どんな作動原理のメカニズムであるかという大切な点を、素人に分かり易く説明していない。

新型車解説書やサービスマニュアルはあるが、それはディーラーか整備工場向けで、基本的にプロ用である。そのプロ用サービスマニュアルも国内向けと海外向け（特に欧米向け）とでは内容、数値が若干違う。海外向けのものは、一般ユーザーがガレージでメンテナンスすることも考慮している記述がある。数値の指定も違う。たとえばシリンダーヘッドの締め付けトルクを国内向けでは4・5～5・5kg・mと表示し、海外向けでは5kg・mと表示しているものがある。これはどうしてだろうか。海外向けは曖昧な表現が許されず、国内では幅をもった表記でも良いということだろうか。

海外には、有名なヘインズ社やロバートベントレー社などがある様に、日本でもメンテナンス及び整備のための車種別の本をシリーズで出版するところがあっても良いのだが、今もってそのような出版社は現れない。こういったものはメーカーのかなりのサポートがなければできないと思われるし、メーカー自体があまり積極的に対応しようとしていないのが現状だ。日本のメーカーは、素人が本を見て作業してしまい、それでトラブルが起きてはPL法の範囲を超えて問題がでるのではないかという恐れがあるのだろう。いずれにしても最新の自動車はコンピューターでチェックし、問題のあるところをアッセンブリー交換することが整備となってきている事を考えると、なぜ不調になったのかを追究する姿勢がなくなっている。今の自動車やバイクの生産技術は精度が高く、不良率はかなり低く、コントロール関係はほとんどコンピューターに頼っている。そんな自動車やバイクばかりになりそうな近未来がすぐそこにあるのだが、コンピューターまかせでは面白くない、もっとよく知りたいと思う方に、2冊の素晴らしい本がある。

『ボッシュ自動車ハンドブック』は、自動車のメカニズムを解説するものでは最も信頼される手引書である。またオートバイ向けでもある。今後のオートバイの新しいメカニズムの大半は、自動車の世界の技術が導入されることが確かだからだ。この本は初版から30年以上にわたって自動車技術の進歩に合わせて版を重ねてきていて、全世界で125万部以上出版発行されている。ここに紹介する日本語版は、1996年英語版からの翻訳である。ドイツ・シュツットガルトに本社を構えるボッシュ・グループは独立系自動車部品メーカーとして世界最大であり、その知識の基礎がこの本であるといえる。よく我々が使う言葉について、最も正しく説明しなければならないとき、この本以上のものはない。しかし専門用語が多く、ほとんどの人にとってこの本を読む上で辞書が必要となる。
そこで、この本のためだけではなくても、自動車技術会編の『自動車用語和英辞典』は絶対おすすめしたい。この本がなぜ和英辞典と名付けられたかわからないが、これは最良の日本語自動車用語辞典で各用語の英語表記があるというだけではなく、後半の1／3は英和辞典としても使えるようになっている。また、図表もかなり詳細なものが使われて見やすく、用語の解説は短いながら適切に書かれている。この辞典は日本の8つの大学と日本の自動車全メーカーが係わって作られたもので、自動車／バイクのメカニズム用語の共通言語を定めたといえるものである。メカニズムは今一つわかりきらないとしても、フィーリング的表現ですませてしまわないために。

**『ボッシュ 自動車ハンドブック』** ロバートボッシュGmbH編 シュタールジャパン 刊

**『自動車用語和英辞典』** 自動車用語和英辞典出版委員会 編 自動車技術会 刊

## つくづく思うこと……本音

最近、本音で書かれた良い本が出始めてはいるが、それでもそう多くはない。そんな本がもっとたくさんあって、それが書店の店頭で山積みになっているべきだと思うのだが、なぜそうならないのかわからない。出版社が、大手卸が、巨大産業に気を使っているのではないかとしか思えない。

日本では、自動車産業が基幹産業であるという認識を鵜呑みにして誰も疑わないが、そのことがまずおかしい。だいたい自動車産業は、全産業の流通をサポートするための輸送機械（例えば、新幹線ののぞみ並みのバスとか、無公害トラック）としてのクルマ作りがメインでなければならないはずで、普通乗用車が生産の大半であるなど、おかしな話だ。

一体こんなに乗用車が必要だろうか……お盆や年末年始の高速道路の渋滞を見て考え込まざるを得ない。自動車メーカーが似たようなものをこれ見よがしの広告でアグレッシブに表現すれば、日本人はよく見極めもせず迎合して、みんなで買って、結果、巨大産業にさせてしまっているだけではないか。どのクルマメーカーの切り口も「価格そこそこ、便利で楽」がキーワードで、メーカーの主体性と社会性のある意思が感じられない。ヒットラーがフェルディナント・ポルシェに命じてビートルを作らせたように、トヨタのトップが、究極のカローラをトヨタの総力を上げて開発させれば、素晴らしいものができるはずだ。そしてそれが文化の一部としての存在になりえていくはずなのだ。そんな究極のカローラ以外は、大メーカーではなく、個性ある中小の企業が特定の目的に絞ったクルマを作るほうが良い。しかし、どの大メーカーも右肩上がりの経済成長期のスタンスから抜けきれず、似たような商品を作り続け、行政もそれを支持し、ほとんど無意識に受け入れる大衆の感受性の欠如はあきれるばかりだ。

オートバイ産業も変だ。GPレーシングマシンもどきの使い切れない性能を、各メーカーは誇って、広告のメインに据えて取材させているが、実際に2005年に何が売れたのか二輪車新聞のデータを見て愕然とした。大型二輪はCB1300がダントツで、大型の外車はハーレーのスポーツスター系がメインといってよく、中型二輪はCB400F、ドラッグスター、SRの3機種が飛びぬけていて、軽二輪はほぼスクーターのみという状況なのだ。面白いことに、これら全て新しいものではない。こういったユーザーに支持されているものたちを、いかに向上させるかが最もメーカーの主要な仕事であるはずなのに、売れているものはそれでいいというのだろうか。いずれにしても良くなってきているとは思えない。

ここに面白い本がある。工業製品をけなすことで飯を食おうと決意し執筆したボンバー池田さんの『クルマ業界さん、いい加減にしてくださいい』というもので、電気自動車・ハイブリッドカー・燃料電池車について、その甘いところ、あえて隠しておきたいところを徹底して突いている。

ページをめくっていくと、池田さんはご自分で音響理論と電気回路、あらゆる電子部品に詳しいのだと自負するだけのことあって、とてもわかりやすい。何しろ非効率な動力源でただでさえ重量のあるものを、排気ガスがクリーンという、良いことだけを前面に出して宣伝しているメーカーと、それを讃える評論家のお題目を撃破している。こんなに言い過ぎて良いのだろうかと思う部分が多々あるが、何か危機感を持って書いているように感じる。

あとがきで池田さんは言っている「あまりにも石油から作られる液体燃料が優れすぎていたからクルマがこんなに世界中に普及したのだ。エネルギー密度が蓄電池やら圧力容器が必要な天然ガスや水素と比べ、桁違いの性能なのは、これらのものを動力として飛行機を飛ばせられないという絶対的な事実が証明している」と。だからといって限りある資源なのだからこれでよいと言ってはいない。でも、内燃機関の好きな私にとってうれしくなる一冊だ。このような本は講談社や小学館からは出版されないだろう。

そしてもう一冊、毎日新聞経済部が編集した『日本の技術は世界一』を挙げたい。1999

年から２０００年にかけて連載された「日本の中の世界一」をまとめたもので、日本企業が有する世界一、世界初の製品、技術はこんなにあるのかと、また小さな会社でも世界のシェアの大半を握っているところもこんなにたくさんあるのかと驚く。ここに紹介されたもの以外に、もっと数多くあるだろうから、いろいろな企業がリンクすれば素晴らしい製品が生まれる予感がする。

中規模の企業が無くなり、大企業と小企業だけになりつつある現在、まず大切なのは池田さんのように何をも恐れぬ強烈な批判精神を持つことであり、世に問うことだ。これは足を引っ張るということではない。そして、小さな会社でも培っている素晴らしい製品や技術をいかにジャーナリストがインフォメーションするかにかかっていると言える。とにかく、みんなができるだけ、本当のことを知ることだ。

**『クルマ業界さん、いい加減にしてください――ボンバー池田の爆裂！超辛口評論』**
ボンバー池田 著　アートブック本の森 刊

**『日本の技術は世界一――先端企業１００社』**　毎日新聞経済部 編　新潮文庫

## 新車より美しい車があるとしたら……

最近、とくに、作り手の意図がはっきりしない商品が多くなっている。それはものづくりをつかさどる人が、デザイン・機能そしてコンセプトに対して、安易にデザイン上の共通言語を求めすぎるからだ。とりあえず共通言語さえ満たしていれば、それなりにカタチは成り立たせられる。たとえば共通のプラットフォームの上に一連の若干仕様を変えたエンジンを結合させれば、それでできあがったと思っており、1年もたてば、また簡単な手直し程度で物は作り続けられるし、売れると考えているのであろう。そんなことだから、各大メーカーは「プアマンズ何々」的なクルマを横行させ、エンブレムを付け替えたら、どのメーカーのものだかわからないクルマやバイクを町に溢れさせている。商品に作り手の思い入れがはっきりとないから、すぐ飽きられてしまうということが判っているはずなのにどうしてなのか、考え込んでしまう。

オートバイにしても、レース用のバイクのレプリカがメーカーの技術の誇りだとばかりに、メイン商品として宣伝されている。極限状況の用途に向けて開発されたものは、それがどんなにデチューンされても、一般の人には必要ないものだ。それを乗りこなせる一部の人たち向けにはあってもよいだろうが、あくまで限定的な商品であるべきだ。各メーカーのものづくりの担い手が、自分でオートバイにあまり乗らず、デスクワーク主体のインドアでのものづくりに励んでいるからなのか、あるいは営業セクションからの要請なのか、よくわからない。だから２０００年以降に発表されたオートバイにしてもクルマにしても、将来、名車となりえるものがないのではないか、また名車とはいわなくても後にレストアするに値する乗物があるだろうかと、思っているのは私だけだろうか。

何を根拠に名車かどうか決めるのかということはさておいて、レストアするにふさわしい、きっと誰もが時間と資金があれば挑戦してみたくなるクルマ、メルセデスベンツ２８０ＳＬがある。大きすぎず、あまり派手でもなく、スポーツカーのわりに四隅がよく見えて乗りやすく、なによりもメルセデスらしくなく、威圧感のない上品さは、だれもがうなずくところだろう。１９７０年代の車なので、よくレストアされていれば実用性は十分であるし、楽しみのために１台持っておきたいクルマだが、本当によいコンディションのものが少ないのも事実だ。聞いた話だが、関西方面の方でＳＬの車体以外は全てのパーツをドイツから取り寄せ、すごい年月をかけて組み上げてしまった方がいるそうだ。それほどこのクルマには何かあるのだろう。その何かとは、時代が変わっても人の情動を刺激する部分で、それをＳＬが持っているということとだと思う。それは作り手の強い思いとこだわりと、作り上げるためのよい環境と状況が揃っていたからだといえる。

そんなSLのエンジンまでを含むフル・レストレーションのすべてを収めた、すばらしいアメリカのDVDがある。そして、レストアされたこのSLは、レストレーション・コンクールでウイニング・トロフィーを取っていることから、ほぼ完璧な技術が裏づけられているといえる貴重なものだ。残すべきよいものを、確かな技術を背景にきちんと仕立て上げることを私たちはもっと知らなければならない。これは金持ちの道楽だ、といったひねた見方などせずに、技術者たちの高い能力に素直に敬服するべきだ。4年におよぶ膨大なレストアのフィルムを、2時間15分に凝縮したこのDVDは、とにかく一見の価値がある。

なにしろ、スタート時点のSLは真っ赤に錆びて、どこかに捨てるのも面倒だという代物だった。まず最初は、ボディのダメージを受けているところを切り取ることから始まる。そして車体各部の修復箇所の製作、カッティング、接合、溶接、補修と進むのだが、このボディワークが一番むずかしくかつ大切なのだと。どのカットもわかりやすいアングルで撮ってあり、几帳面な説明がほどこされていて、普通ならプロがあまり見せたがらないシーンの連続だ。エンジンの部分ではレストアするうえでの、いわゆるブループリンティング（精密組立）を見ることができる。ここでは、各部を徹底的に分解し計測することが最も重要なことであるといっている。そしてベストな状態に組み上げてゆく。特筆すべきは、メジャーリング・テクニックまで説明していることだ。ペインティングでは、塗料の混合比の決め方から、問題ある部分の解決策、テーピング・テクニック、そしてプロの塗装と、マル秘の技を見せてくれている。インテリアのレストアでは、すべての内装をもとから作り直す。すなわち、本革の染め付けから、ウッドパネル・ウッドトリムの再生、コーティング仕上げ、接着取り付けなどをすべてを見ることができる。そして最後に各部の調整、再仕上げ、メッキ工程もあり、ＳＬ特有のチェックするべきポイントを要所要所で垣間見ることができる。

このレストア会社のトム・クランプは「このＤＶＤは、クラシックな車のレストア・テクニックを見るという側面と、最高のスタンダードに会うための物語でもある」といっている。新車より美しい車があるとしたら、こんなクルマのことであろう。人の手があらゆる部分に心を込めて入っているから、何かオーラが漂っている。

われわれが、メーカーに要望するべき愛すべき乗り物は、レストアしてでも乗り続けたい、存在させ続けたいと思うものだと。

『TOTAL RESTORE』（DVD）Culp Creation Inc.

# 第4章　深遠なるモノ好きの世界

# 解凍されたロマン

これは一つの素晴らしいロマンであり、ほとんど編集されていない生の映像の記録である。興味のない人にとって、最初は見ていてもまったくつまらないものかもしれないが、そんな人でもかならず引き込まれていってしまう。第二次世界大戦半ば、スコットランドに行く途中、グリーンランドの氷河に不時着した戦闘機の編隊があった。この話は、その中の一機、P－38ライトニングを見つけて、それを氷の下から引っ張り出す話である。

1942年7月15日、アメリカのボストンに近いプレスキューイールからグリーンランド経由でイギリスのプレスウィックへ空送中のP－38ライトニング6機と2機のB－17が、グリーンランドの中継基地を飛び立って間もなく、悪天候のため飛行を断念せざるを得なくなった。だからといってグリーンランドの基地に戻ることもできず、氷河に緊急着陸しなければならなかった。編隊の乗り組員は全員、救助隊に助けられたのだが、この8機はそのまま置き去りにされてしまった。氷河の上に長い間、放置されているうち、徐々に氷の中に沈み始め、目視できなくなっていった。そして、忘れ去られた。

ずっと後になって、このLost Squadron（消えた編隊）の話を、ケンタッキーのある資産家が耳にする。彼は第二次世界大戦のときは若すぎて戦場には行っていなかったのだが、飛行機好きで、特異な形をしたP－38ライトニングが大好きだった。このグリーンランドに眠るP－38を手に入れることができないだろうか、そしてそれを復元して飛ばすことができるのではないだろうかと本気で思い始める。

１９８2年ぐらいから、探索を開始する。ソナー等を使い、氷下のP－38を１９９2年にようやっと発見できた。しかし、それはなんと氷の中１００メートル下にあったのだ。そこで先端から熱湯の出るシャフトを氷河に入れてP－38の翼に当て、正確な位置を割り出した。それからが大変だった。まず、機体引き上げのための基地を作り始める。作業をする上でベストな時期を選んで、5月ごろからとしたのだろうが、グリーンランドの氷河はとんでもないところだった。時として、人が吹き飛ばされるほどのブリザードが吹く。３６０度、地平線までまったく何もないので、一度吹き始めたらいつ止むのかわからない。そしてすぐ2メートル以上雪が積もるところだ。

氷河に直径1メートルぐらいの穴を開けることのできる特殊な機械が運び込まれ、１００メートルの垂直な穴を作り、その後、機体の周りの氷を高温水で溶かして空間を作ってから、機体分解作業スタッフとこのプロジェクトのオーナーが降りて行った。だいたい氷の中を１００メートルも、ブランコに毛の生えたような一人乗りのシートに座って降りていくなど、それだけでも普通のことではない。そして常時４、５人がその氷の空間で分解作業を行うのだが、危険度、作業難度は信じがたいほどのレベルだ。精神的にもおかしくなりそうな圧迫した空間で、よくこんなことをやるなと思う。

ここがアメリカ人らしいというかどうかわからないが、機体の分解が全部終わっていないというのに、先に銃座だけを取り外して地上に出し、それをセットして、空いたドラム缶に向けて撃っている。それは本当に作動し、ドラム缶をボロボロに吹き飛ばしている。置き去りにされてから氷に閉ざされたまま50年も経過している銃座なのだから、常識的にはしないことだろうが、試してみたい気持ちはすごくよくわかる。やはりアメリカ人は普通ではない。

映像には特別な機械が映っていないので、よくはわからないが、飛行機を分解すること自体はそんなに難しくないように見えてしまう。スタッフが一番多いときで30人はいたが、地上に運び出すだけで１カ月以上かかっている。８月１日に全てが地上に出され、10月28日にはケンタッキーに到着した。バラバラに解体された機体は、それから10年という長い年月をかけ、修復されてゆく。

完全に修復が終われば、飛ばすことができるのだろうと期待しながら待っていたところ、２

００３年10月26日に61年ぶりに大空に舞ったとのニュースが届いた。ある男のロマンが現実となったことに、拍手を送りたい。こんな無鉄砲で、ほとんど利益のないことに大変な資金を投じ、10年以上の歳月をかける……まさに羨望の極みだ。また作業中、あまりヘルメットや軍手をつけておらず、なにか仕事仕事していない、そしてリラックスして淡々と進めている光景を見ていると、日本人とは違うなと思う。いずれにしても素晴らしい人がいて、それをサポートする面々が奏でるアドベンチャーだ。

このP－38は太平洋戦争の時、連合艦隊司令長官山本五十六元帥の乗る機を撃墜した戦闘機としてよく知られている。


『THE LOST SQUADRON : A TRUE STORY』 by David Hayes, Hyperion Books

『THE LOST SQUADRON - Glacier Girl』（Video） LOST SQUADRON Museum

## オークション、その多彩な世界へ

オークションというと、私はまずヤフーオークションが頭に浮かぶ。競り市というものの自体は太古の時代からあったのだが、ヨーロッパで１８００年頃から、ものの価値の大系化と再確認という意味を含めて、オークションが確立されてきた。歴史を持った価値あるものが、オークションによって所有者が変わるだけで、そのもの自体はそれぞれの時代の所有者より長生きしていくのである。したがってオークションによる落札価格は、いうなればそのものを預かるための保証金という考え方で、状況によって次の所有者へ譲っていくべきものという見方である。基本的に、そのものの価値を理解する個人から個人への流れをサポートすることが本当のオークションといえる。

我々に近い世界では自動車やバイクのオークションがあるが、それらは中古販売業者が商売をするための仕入場であり、一般の人は基本的に参加できない。出品できるオークションもあることはあるが、落札会場に入ることはできない。また書籍の競り市も古物商免許を取り古書組合に入ることが前提で、閉鎖された世界でしかない。

いっぽうでインターネットでワールドワイドに情報が得られる今、世界中の素晴らしいオークションを見つけることができる。そのほとんどが、ものの価値を確認するためだけの場であり、誰かの商売のための場ではない。日本からも参加できるが、入札価格の決め方やハンドリングチャージ、送料など、その他もろもろを代行してくれる会社がある。最初はそういった会社を通じてスタートすることが賢明だ。バイクやクルマを正しい価格で手に入れ、それを良いコンディションで保持すれば、いつかオークションに出して次の方に渡すこともできる。安く手に入れるということではなく、また高く売るということでもなく、その時代、その時に適正な価格で、所有者から新しい所有者に渡るということであって、商売のための価値の移動でないというところがポイントである。

こういったオークションの楽しみの一つとして、出品される物を全て集めたカタログが各オークションごとにある。オークションによって内容はいろいろであるが、美しい写真とその略歴、予想落札価格の上限下限が記述されていて、見ているだけでも楽しめる。そしてこの世界での正しい価値と価格がわかるのもメリットである。

ここにアメリカの自動車のオークションで有名な「RM AUCTION」のカタログがある。このカタログ自体が素晴らしい本であり、美しい写真と詳細な記述は一度手にとって見るに値する。落札価格帯は1万2000ドルのものから上限なしのものまであって、我々にまったく無縁なものばかりでもない。たとえばMG・TDが約150万円、キャロル・シェルビーの所有だったアストンマーチンDB・MKⅢクーペや、極上の1941年型ハーレーFLシリーズ80フラットヘッドはけっこう高いが、エルビス・プレスリーの1969年式特注メルセデスベンツ600は5万ドルから7万ドル（600〜850万円）となっている。この位ならば絶対不可能な金額ではないだろう。このオークションは年に数回開かれている。

もう一つ、時計部門ではサザビーズを抜きトップランクのオークションハウス、アンティコルムが1999年におこなった素晴らしいオークションがある。世界中の著名人に、その人所有の時計を出品してもらい、その売上の100%を利益を目的としないいろいろな団体に渡すためのオークションだった。このオークションのためにもカタログが作られた。どんな人がどんな時計をしていたのか、なぜそれを出品したのか、その時計にどんな謂れがあったのか等が、その著名人と共に掲載されたオールカラーの素晴らしい本だ。

たとえばニコール・キッドマンがダイヤモンドセットのリュウズのついたバセロンコンスタンチンを、ボブ・ホープがクリスマスツアーの際身につけていたアメリカ国旗のデザインされた時計を、F1のミハエル・シューマッハーがオメガ・スピードマスター・レーシングオートマチックを、マイケル・ダグラスはショパールを、タイガー・ウッズはチュードル・プリンスデイトを、ポール・ニューマンはロレックス・デイトナを……といった具合だ。そして時計好きなら唸ってしまうフランク・ミューラーがミューラー自身のコンクイスタドール・クロノグラフを差し出し、その売上はエルトン・ジョンＡＩＤＳ財団に贈られている。映画で渋い役のトミー・リー・ジョーンズは三角形のハミルトン・エレクトリック・ベンチュラを出しているが、文字盤に彼の名が入っている。この売上はテキサスのガンセンターに贈られた。

このオークションの目的が利益追求ではなく、有名人の売名でもなく（多分本人はすぐ忘れるだろうし、本人にとっても大した出費ではない）楽しいイベントであったし、そんなことがなんとなく伝わってくるカタログだ。

『New York Auto Salon and Auction』 RM Auction（カタログ）
『Famous Faces Watch Auction for Charity』 Antiquorum（カタログ）

# 夢も見なけりゃ始まらない

最初は誰でもその本を手に取れば、ものめずらしさと、すごさで、目をみはりながらページをめくってゆく。進むにつれ、人によって反応が違ってくる。ごく普通の生活をしている人はふ～んと言いながら最後まで見ず、ほとんど興味を示さなくなる人もいる。人によってはだんだん腹を立ててくる人もいる。私も腹が立ってくるほうで、うらやむ以前に面白くないのだ。そんな本のタイトルは、『THE MEGA YACHTS』そして『THE SUPER YACHTS』。

こんなもの、と敢えていうが、世界という視点でどんなものがあるのだろうという興味をもってしても、言語を絶する。こういった豪華なヨットがいくらか、そして維持費がどのくらいかかるのかではなくて、それを持っていてどんな生活をしているのだろうか、そして、どこにそんな時間的余裕があるのだろうかと。それが現実的に想像できないのだ。日々積み上げていくような生活をしていては、そのレベルには到底およびもつかない。なにか突発的な出来事でも起きなければまったく不可能なことで、自分に関係ないと割り切って、今日や明日のことを思うことのほうが大事で、それはそれ、これはこれと。しかし、世の中にはこんなヨットのある生活を当たり前に楽しんでいる人たちがいるという腹の立つ事実を額面通り認めて、それなら、なんとか、近づいてやろうと思うほうがいい。そしてたとえ、空元気に過ぎなくてもいいからと、私は考え直しはじめている。

ヨットとはふつう遊覧またはスポーツ用の特殊な帆船を指すが、広くはモーターヨットも含められている。クルーザーは巡航用ヨットの総称で、速力より対候性、居住性に重点がおかれ、とうぜん補助機関を備えている。メガヨットやスーパーヨットとなると、かならずしも帆船の形をとっていないものも含まれ、ひたすらラグジャリーな外洋航海船の総称といえる。デッキから上に3層あるものなどデッキの下を含めれば5階建てで、ルームが20室ぐらいあり、いってみればそれは個人の動くビルなのだ。内装はなぜかビクトリアン調であったり、ロココ調であったりで、ウォールナットやローズウッドを多用したクラシックな雰囲気のものが多く、贅沢をどこまでできるか競っているようだ。それでいながら、当然、海の上を動くのだから地上の家より全てが頑丈に、対候性にも完璧に配慮されて作られている。クルマやヘリコプターが搭載されているものもある。それほどのものにもかかわらず、それはある時期に、一時的にしか使われないのだ。海の上を移動する重厚な別荘、日常を忘れさせる洋上のクラシック・セカンドハウス、移動することよりも最高の時間を過ごすための本当のスーパー・ハイクオリティー、言葉にするだけでも、想像するだけでも足りない。そこにどんなドラマが演出されるのか、いずれにしてもそのステージは完璧だ。以前、帝国ホテルのロイヤルスイート・ルームを見る機会があったのだが、このメガヨットたちはそのレベルを遥かに凌いでいる。

一応メガヨットの価格を調べてみたのだが、ほとんどがワンメイクになるので定価と呼べるものはなく、100フィート（約30メートル）級で10億円からだそうだ。維持費は40～50フィートのものでも年間200～300万円かかるのだが、船の場合は全長が倍になったら倍にすればよいというものではなく、いずれにしても維持費は年間数千万円で、船によってみな違うから分からないそうだ。このクラスのものを持っている日本人はほんの僅かで、一般的な葉山マリーナなどでは見かけない。だいたい大きすぎて入らないという。むかし、イスパノスイザというクルマがあった。このクルマを買うとメカニックが一人付いてきたそうだが、そういった世界のものと同じなのだろう。

『REFIT』という本がある。これは毎年出版されるもので、メガヨットやスーパーヨットの所有者が変わるたびに、新しいオーナーの好みに応じてその船全体のリメイクをする会社の案内書であり、リメイクの実例や作業の質を紹介しているものだ。とうぜん価格は記載されていない。価格を出すこと自体無意味なのであろう。

人がこのような本を見てどう感じるのかは、その人のスケールに係わるのではなく、どんな人にも可能性は訪れているのに、きっかけはあるのに、それに気づいていない、またはそのつもりがなくても、無視した結果になってしまっている……そういうところに係わっているのではないだろうか。

はじめは何の根拠もなくても、ただ夢想するだけでいい。夢想して強く思うことから、すべてが始まると「マーフィーの法則」にも書いてある。誰もが常に自分の境遇やポジションを前提に生きてきているがゆえに、自分と関係ないと無視したり、腹を立てたりするよりは、感動したら、どんなに接点がなくても、夢だけは持てるのではないだろうか。このような本を一度は見て、目から鱗をはがしてはどうだろうか。もしかしたら冗談が冗談でなくなる案内書なのかも知れないのだから。

『The MEGA YACHTS USA Vol.4 2003』A BOAT INTERNATIONAL PUBLICATION
『THE SUPERYACHTS Vol.16 2003』A BOAT INTERNATIONAL PUBLICATION
『REFIT Annual 2003』A BOAT INTERNATIONAL PUBLICATION

## 思いのままに、全開で走れたら！

たとえば、深夜の常磐自動車道を一人で走っているときなど、誰でも「思いのままに、全開で走れたら！」と感じるのではないだろうか。それならサーキットに行って、自分の腕やクルマの限界を試せばよいのだが、そうではなく、その時感じているのは多分、気分的に自由な何かを急に欲しくなるということなのだろう。だから都合のよい状況判断をして、最近の超高性能なネズミ捕りを気にしながら、ついアクセルを踏み続けてしまうこともある。ほとんどの高速自動車道路の最高速度は時速１００キロでしかないのに、国産車のスピードリミッターは、時速約１８０キロ前後で作動する。外車にいたっては時速２００キロ以上で作動するということを考えると、日本では車やバイクは体に（精神衛生に）良くない乗り物かと。もともとアウトバーンなどで走るために作られているのだから、仕方ないのか……。

10年以上前のこと、東名を制限速度の時速１００キロを超えて走ったことがあった。監視カメラが取り付けられたばかりのころで、撮影されてしまい、警察から呼び出されてしまった。

それにしても、こうした状況は、まるで自分の大好きな食べ物を目の前に食べきれないほど出されていながら、腹八分目以上食べたら強制入院させられるようなものだ。どの皿にも重さを量るセンサーが内蔵されていて、食べた量が自動計算されてカロリーまでカウントされ、腹八分目を超えると救急車が飛んでくるようなものだ。ETCは使用者にとって利便性が良く、なんとなく現金で支払っているゲートを横目で見ることに優越感を感じるシステムだが、実はどのクルマが、いつ通過したか料金所でチェックし、記録されている。今や、ちょっと試してみようなんて軽い気持ちでアクセルを踏みつけることができない時代になってきている。

ここに、少なくともこの憂さを晴らしてくれるものがある。『Getaway in Stockholm』というDVDだが、すでに5作目まで出ているということは、クルマが好きな人たちの本音を映し出しているからであろう。1作目はポルシェ911カレラ、2作目はトヨタ・スープラとフォード・エスコート・コスワース、3作目はホンダNSX、4作目はシボレー・コルベットC5、5作目はマツダRX7が登場して、ストックホルムの一般公道やハイウェイを時には時速300キロ以上で走りまわる。登場するクルマは全てハードにチューニングされ、そうとう根性のあるレーシングドライバーが運転しているのだが、誰だかわからない。サーキットとはまったく違うオンボード映像は、とんでもないリスクを覚悟して作られている。日本とは明らかに違う道路状況と、通行車両の数がまったく少ないことを考慮しても、まさに常識はずれである。

このストックホルムを舞台にしたオートバイものがこれより前に作られていた。『GHOST RIDER』というタイトルのＤＶＤで、スズキ・ハヤブサの１３００ccエンジンにターボを装着したものが主役で、これがヨーロッパのハイウェイで、前を行くクルマのすべてを抜き去るのだ。時には、路肩を時速２００キロ以上もかまわず出しているし、クルマとクルマの間のすり抜けから対向車線に入っての追越まで、はらはらしてしまう。常にオンボードカメラにはスピードメーターが映っていて、ハイウェイでは時速３２０キロに達しているシーンさえある。

この『GHOST RIDER』も4作目まで出ていて、3作目ではスウェーデンから始まってドイツ、ベルギー、フランスまで全開で走っている。制限速度のないアウトバーンは別として、一般のハイウェイもかまわず飛ばしている。これにしろ、『Getaway in Stockholm』にしろ、どちらでも最初に見るとしたら、一作目からをお勧めする。面白いことに、このＤＶＤたちをモニターに映し出すと、ほとんどの人たちは無言になる。できることなら自分でも一度はやってみたいと思うことを、人が命がけでやっているのを見て、とてもできないと感じながらも目が離せないのだ。そして、このようなＤＶＤがシリーズで販売されるということが非常に稀なのだ。いずれにしても、ナンバープレートがない、またはナンバープレートにマスキングしたクルマやバイクが走ること自体が違法なうえ、ハイウェイにとどまらず一般公道をも、出せるだけスピードを出しているのだから、司法の手が入ってもおかしくないはずで、連作できること自体が不思議でならない。「思いのままに、全開で走れたら！」ということに対するアンチテーゼとしての映像とは言いがたく、ヨーロッパならではということなのか、そうではなく気の狂った人たちの思いあがったメルヘンなのか、存在自体が一驚に値する。

『Getaway in Stockholm Vol.1&2』（DVD）ジェネオンエンタテインメント
『GHOST RIDER 1+2 DVD』（DVD）ジェネオン エンタテインメント

## 決定的瞬間

車やオートバイ好きの方で、写真を撮ることも好きな方はかなりいると思う。だからといって、土門拳のように冬の室生寺のある一瞬を撮るために、何日も待ち続けることは我々にはむずかしい。自分が行動できる範囲、町の中で、旅の中で、心に焼き付けたい一瞬を切り取り、それを残したいと思っている方は多いはずだ。そのつもりでカメラを持って出かけ、これはという場面をフィルムに収めても、プリントしてみれば大したモノは撮れてなく、気持ちと結果が撞着してしまう。しかし歴史に名を残す写真家が、実際にどうやって撮っているかを垣間見ることができて、どんなつもりでそうしたかを実際の映像で見ることができれば、最高の参考になる。そんなビデオがここにある。

『アンリ・カルティエ＝ブレッソン――疑問符』というちょっと判りにくいタイトルだが、アンリ・カルティエ＝ブレッソンが本音を見せてくれている。彼は20世紀最高の写真家の一人といわれ、誰もが写真を撮るときに使う「決定的瞬間」という言葉をつくった人だ。ではすばらしい「決定的瞬間」を撮るにはどうしてきたのか。彼は次のようにいっている。

「自分を消し、カメラの存在も忘れ、生き生き見ること。カメラは瞬間的に自分を表現できる唯一の方法。だから一瞬が命だ。写真を撮るということは、その場に参加し証言者になることだ。逸話が生まれそうな構図を決めて楽しむことだ。隣作を撮ってやるなんて思っちゃダメだ。うまくいかないほうが多いんだ。傑作ができたとしたら、人からもらう贈り物と同じだ。その場にいるという偶然を、うまく利用するということだし、人生と同じように、一瞬のうちに終わるもの。鑑賞に堪える写真など、めったに撮れない。泥棒というより、スリみたいなものだ。あるものを見つめる。いつシャッターを押すか、もうすぐ、もうすぐ、感動の極みにシャッターを押す。オルガスムスに似ている。瞬間的にはじけて成功する場合もあるし失敗もある。一回限りなんだから。絵画は黙想、写真は射撃だ……」と。

ただ彼は比率の取れていないものを見るのが我慢ならないらしく、写し取るときの幾何学的構図に注意を払っている。また、ポートレートを撮ることはあまり好きじゃないといっている。でも撮るときは、人の持っている沈黙の表現を撮ることが目的だと。彼の撮ったすばらしいポートレートに、ルオー、マチス、キューリー夫人、トルーマン・カポーティー、フォークナー、ジャコメティーなどがある。そして、いずれにしても写真を撮るということは、頭と、目と、心を、同じ標準線に合わせることなんだと言い切っている。要するに、頭であれこれ構図を考えて撮るだけではだめだし、ただきれいだなぐらいでもピンと来るものにはならない、気持ちだけが先走りしてもだめなのだということなのだろう。

アンリ・カルティエ＝ブレッソンが撮った、まさに「決定的瞬間」のシーンがこのビデオに納められている。１９４５年ドイツ・デッサウの国外追放者キャンプにて、ゲシュタポの女諜報員が一人の女性に告発され頬を殴られるシーンが映像で、そして一枚の写真で見ることができる。緊迫した一瞬の場面のどこを彼が切り取ったかがわかる。この部分を見るだけでも価値がある。そして彼は次のように言っている「我々がしているように現実を証言するか、アベドンのように演出するか、どちらかだ」。

現実をいかに切り取るのか、それが見るに耐えない露骨なカットになってしまうのか、なにか感動を誘うものになるのか……。どこを切り取るのかはその人の人間性に根ざすことになると思う。演出はスタジオの中だけでいいだろう。現実を切り取るほうがすばらしい。

アンリ・カルティエ＝ブレッソンは世界を回っておもに人を撮り続けた。彼が雑踏の中でカメラを構える姿はふつうの年寄りがそうしているだけにしか見えず、そのシーンを見ると、いまどきのオートフォーカス・自動露出が意味ある技術とは思えなくなる。ピントを合わせるためにレンズを常に動かしているようにも見えない。絞り込んで被写界深度を上げればシャッタースピードは遅くなり、動くものについていきにくい。やはり天才なのかと思うしかないのか。

私の周りで最近、64歳になってからBSA－SRを買った方がいる。その年まで原付は別としてオートバイには乗っていなかったとのことだ。趣味は写真を撮ることで、何台かのライカと数十年つき合ってきたが、あるとき突然オートバイが目に入ってきたようだった。今、夢中になってオートバイに乗っているが、常にライカを身につけている。オートバイは最高の移動道具だ。彼は思いつく限りのところへ行って、頭と、目と、心を、同じ標準線に合わせて、すばらしい描写を切り取ってくることだろう。

『アンリ・カルティエ=ブレッソン――疑問符』 サラ・ムーン 監督 1994年制作

# 写真を撮る、採る、捕る、獲る、取る

デジタルカメラ全盛の昨今である。これさえあれば少々暗くても、余計なものが写っていても、後処理でどうにでもなる。ということは、現実の世界を写し取るということが、目的ではなくなってしまうということだ。どういうことのない写真だったら、まだそれはそれでよいとしても、現実なのか、かなりの後処理によって出来上がったものなのかがわからないものが多くなっている。みんな美しい虚像でしかないのでは、と疑うのもナンセンスな気がして、しらけてしまう。最近は映画にしてもとても良くできていて、バーチャルリアリティが前面に出ているものなどは漫画を見ているのと同じに思えるし、見ているほうもそんなのあるわけないという前提でクールになっている。だからなお作るほうも、これでもかというスタンスになるわけで、ますます非現実的になり、面白くなくなってゆく。

数年前コダックが限定復刻した初期のインスタントカメラを持っている。カメラを理解するうえでこれ以上は無いというほどシンプルな構造だ。要するにポラ撮り用のユニットにレンズとシャッターが付いているようなものである。もちろん露出計も何もない。これだけを持って外に出て写真を撮ることには、かなりの根性を必要とする。なぜなら頼るものが自分の感性だけで、もたもたすればタイミングを逃してしまうし、露出を決めても間違っていれば、二度と同じシーンは来ないのだから、失敗するわけで、それは全部自分のせいなのだ。だからこそ面白いし、自分の感性を磨くには最高だ。

ライカM４Pに初期のビゾフレックスを付けたものを、だいぶ前、ある写真家から譲り受けた。M型ライカを一眼レフにしてしまうシステムなのだが、シャッターを切るとミラーが下がったままで自動的にミラーアップしない。だから、ここだ！という瞬間を捉えることは大変だ。その後にもっと良いシーンがあったとしても、このカメラで撮れる時は一期一会なのだ。こんなに不便だからこのカメラで撮るときのほうが楽しいし、気持ちが入った写真が撮れる。

全てオートマチックであれば、最も良い瞬間だけを切り取ることができるなど、本当だろうか。もしそうなら、デジカメを持っている人たちは最高の写真を撮れていることになる。でもそうでないのは、要するに現場写真でしかないからなのであろう。人間が撮るのだから、そこには何らかの感性が働いている。その感性をどのくらい作動させているかが問題なのだ。そして、ありのままをどれだけ素晴らしく切り取って残せるのか、それが写真を撮るということのはずだ。

それとはまったく別に、加工創作することが前提で、ベースとなる写真を撮り、コンピューターグラフィックを駆使して作品を創っている「やなぎ　みわ」さんがいる。きわめて個人的な想像を形にするために、未来を装って今を語るスタイルを、デジタル技術で表現しているのだ。彼女のように、そこまではっきりした目的のためならともかく、またギミックとして被写体までを創作したマン・レイほどのこともなく、目的意識を構築してからなぞ面倒と思い、アドリブで目の前にある何かを切り取って、「なんだかわからないけど楽」とばかりにできる道具が、氾濫しすぎている。また勘違いしやすいのだが、アンディ・ウォーホールのように、撮った写真をまったく別の次元に創作することとも違いすぎる。

ここに、クルマを撮るためにお勧めしたい本が2冊ある。『How to Photograph Cars』と、2冊とも同じタイトルだが、ジェームズ・マンの書いたものはアメリカのMBIという出版社から出されたもので、50年にも及ぶカメラマンとして経歴の中で培ってきたノウハウのうち、特にクルマの撮影に関するところを凝縮したものだ。夜景の中、人工光線の中、特にカメラを車に取り付けて走りながら撮るテクニックなどが満載だ。いろいろなシーンでのレンズの選び方から、絞り、シャッタースピードまで推薦するデータが書かれているが、何よりなのは各章のポイントを、簡潔に最後のページにまとめてくれていることだ。この部分だけでも辞書を片手にノートに書いておけば、良い写真が撮れそうだ。

もう一冊のトニー・ベーカーの本は『CLASSIC & SPORTS CAR』誌にカメラマンとして9年間在籍した経験をもとに書かれたものだ。イギリスのヘインズ社から出版されている。内容は、アクティブな動きのある被写体の章と静的な動かない被写体の章に大きく分かれ、ロケーションの選び方から、撮影時期、撮影時間、そして特殊な撮影方法まで、詳細にノウハウを説明している。この2冊はクルマを前提にしているが、オートバイでもまったく同じに使えるテクニックや知識が記されている。

最高のその瞬間を切り取るということは、撮影した後で加工することを前提としないから、そのシーンを最も肉薄して表現できるのではないかと思う。進み行く時間のなかで、自分が最適だと感じるアングルを見つけ出し、ベストなタイミングを想定し、一発勝負に賭ける、または可能ならばその次のタイミングを繰り返す。自分の大切な乗り物を素晴らしいシーンの中で表現してはどうだろうか、デジタルカメラではなく。

『How to Photograph Cars』 by James Mann, MBI
『HOW TO photograph cars : An Enthusiast's Guide to Techniques And Equipment』 by Tony Baker, Haynes

# クルマの写真を撮りたい人に

英語ならまあ何とかわかるのだが、フランス語やドイツ語となるとほとんどわからないというのが、日本では普通だろう。毎年、ドイツのフランクフルトで世界中の出版物が集まるブックフェアが開催される。オールジャンルの本が各国から集まり、まるでお台場のビッグサイト全部が本で埋まったような、とても膨大な量の展示場となる。そのフェアの主催者のある方から聞いた話では、全体の80%が英語、または英語併記で表現されているとのことだった。それはとりもなおさず、世界の知識は英語という言葉でほぼ表現されつくされているといっても良いということだ。だからドイツで出版されたものであっても、価値のある本は、すぐ英語バージョンになって出版される。そのためフランス、ドイツ、イタリアの本を仕入れるために出版案内は見るのだが、仕入れる人間自体がよく読めないものを仕入れてもと、あまり積極的になっていないことが多々ある。

ところが、ドイツの出版社の新刊案内を見ただけで、これは！と勘で仕入れた本がある。

『Klassische Automobile』という、１９５０年以前のクラシックカーの本で、被写体になったクルマもすごいのだが、それ以上に写真がすばらしいのだ。それもそのはず、世界を代表するクルマのフォトグラファー、ミヒャエル・フルマンの作品集だったのである。すべて完璧にリビルドされた各々の名車を、最も美しいアングルを見つけ出して撮っている。

ミヒャエル・フルマンはクルマの写真家としてのエキスパートであるだけではなく、スタジオ撮影のすごいプロでもある。彼ほど被写体に魔法のようにやわらかいライティングをほどこし、被写体の持っているその物自体のエネルギーを引き出して写し取ることのできる人は、他にはいない。そのライティングには、まったく妥協というものが見当たらず、彼が納得できるライティングに、どのぐらいの時間をかけているのか想像もできないほどだ。

彼の写真にはコンピューター処理がなされている。しかし、どこに何をしたのかわからない。基本的にどの写真も背景は黒から白にかけてのモノトーンであって、床に映った影が不自然といえばそうなのだが、あえてそうしているようで、いやらしくはない。写真を撮る前にあらかじめ構図を描き、考え抜いたうえで、スタジオでのセッティングをしているのだろう。すばらしい被写体に、最高のライティングがなければ、どんなに後処理をしてもこのような作品は生まれない。ラルフ・ローレンがブラックに塗ってしまったブガッティ・タイプ57ＳＣ、デューセンバーグ・モデルＪ、アルファロメオ８Ｃ、ドライエ１３５ＭＳなどなど、どのクルマのどのアングルがベストなのか、ディティールは何が最高なのか……、すばらしい審美眼があるからこそ、こんな作品を生むことができるのであろう。これは写真という技術を使った現代の絵画といっても良いかもしれない。

彼はロチェスター・インスティチュート・オブ・テクノロジーで写真を専攻し、さらに表現力を追求するためにデジタル写真加工技術とコンピューター処理を習得している。

その後、この本のことは忘れていた。たまたま、手元にあったラルフ・ローレンのカーコレクションを紹介した英語の洋書『Speed, Style, And Beauty』をうらやましげに見ていて、あっと驚いた。まったく同じ写真があり、撮影したカメラマンがミヒャエル・フルマンだった。さすがラルフ・ローレンが、彼を頼んだことがうなずけた。そしてここでもやはり、クルマに合ったライティングがすばらしい。漆黒の闇から浮かび上がる１９２９年ブロワー・ベントレー、前方上位から見下ろして撮った特徴あるフェンダーを持つ１９３０年メルセデスベンツＳＳＫ、うずくまって何かを語りかけてきそうな１９５０年ジャガーＸＫ１２０ロードスター・アルミボディなど、どの写真もストーリーをうかがわせるものばかりだ。

最高のクルマも、すばらしい写真があってこそその真価が語り継がれるのであって、クルマ好きの方々はこの本を座右の書としてほしく思う。見直せば見直すほど、新しい発見があることうけあいだ。

『Speed, Style, And Beauty』はまだ手に入るのだが、残念なことに『Klassische Automobile』は英語バージョンとはならず、ドイツ語の出版のみで、しかも絶版となってしまった。書籍を仕入れるものにとって、言語を超えてよいものを探し、それがなぜすばらしいか、どんなにすばらしいかを訴え続けることがいかに重要か、身にしみた。最後の一冊をサンプルにして売ってはいけないものとしていたのだが、スタッフがどなたかの手に渡してしまい、もう私の手元にもない。

『Klassische Automobile』 photo by Michael Furman, Delius Klasing Vlg
『Speed, Style, And Beauty : Cars from the Ralph Lauren Collection』
by Beverly R. Kimes / Winston Scott Goodfellow / Ralph Lauren, Museum of Fine Arts Boston

# 第5章　映画はクルマが主人公

## ジェームズ・ボンドは永遠に

いろいろなジャンルにおいて、これこそという素晴しいサンプルが少なくなっていると思う。刹那的に、感覚的にいいなぁというものはあるのだが、いつまでも心に残ってずっと影響されるほどのものが、現在は非常に少ないのではないだろうか。かつて、もう何にも増してこれが理想だ、掛け値なしに最高、というサンプルがあった。これは私の独断と偏見に満ちた見方であり、今もって変わらないのだが、そんなベストサンプルは60年代から80年代前半に多いのではと思うからだ。そしてこれは、そのころをよく知らない若い世代にも受け入れられているようなのだ。なぜそうなのか――たんなるノスタルジーなどではなく、誰もが素直に受け入れてしまえる何かがあるのではないか、それに自然にみんながどこかで呼応しているのではないか、というのがその理由である。また、オリジナルへの探索という作業も試みられている。しかし私は、連作もの、類似もの、果てはコピーものがまかり通っていることへ、今ひとつ納得がいかない。よく見れば目先だけの違いだけであったり、何かずれているように感じたり、そして本当は何なんだという疑問がわいてくる。

００7という最高のエンターテイメント・ムービーがある。シリーズ20作目となる『ダイ・アナザー・デイ』が公開された時にも、いろいろなインフォメーションを見れば見るほど、なぜか足が向かなかった。００７の面白さは違うところにあったはずではないか、別の方向に行き過ぎているのではないかと感じていたからだ。出てくる道具にしてもびっくりするようなものもなさそうだし、20作目を記念しているとはいえ、過去の作品のオマージュを随所に入れているなど、なんということだろう。そしていまどきの映画であれば当然なことなのだろうが、コンピューターグラフィックスによる画面が多いことも、しらけさせる。

ここに『THE MOST FAMOUS CAR IN THE WORLD』という本がある（30ページのジャガーEタイプの本と同じタイトルだ）。映画では3作目の『ゴールドフィンガー』で登場するジェームズ・ボンド用アストンマーチンＤＢ５のことについてだけ書かれたものだ。この映画を見るまではアストンマーチンなどほとんどの人は知らなかったし、だいたい知っていてもそんな超高級なスポーツカーに、こんないろいろな細工をするなど、もったいなくて考えもしなかった。この本の面白いのは、このスペシャル・アストンマーチンを作るための設計図が10ページも載っていることだ。各々の特別機能がどんなふうに作動するのか、設計図や写真で詳しく説明されている。後半はこのマシンを使った撮影風景や特撮シーンの解説が盛り込まれている。この本を見ていると、これほどいろいろ加工されていても外見は破綻せず、上品で、クオリティーあるクルマに仕立てられたことに、誰もが敬意を表したくなってくるのではないだろうか。最新作にでてくる最も新しいアストンマーチンよりも、このDB5のほうが断然良いと思うはずだ。

００７も映画では4作目の『サンダーボール作戦』までが原作に近かったが、それ以降のものはピンと来なくなっていった。だいたいジェームズ・ボンドのパーソナリティーは原作では、ときどき失敗をするドジなところもあるけれど、最後はおしゃれに決める奴だし、詰まらぬといってはいけないが、いろいろな物にこだわる趣味人の部分がかなりある。だからそんなところが楽しいし、はらはらするのだ。原作のあとがきに記載されているが、００７シリーズの著者イアン・フレミングは、本当にイギリスの海軍情報部で9年間も部長をしていた人物である。その前はロイター通信の記者で世界を飛び回っていたし、いろいろな職業、銀行員、証券マンなども経験しており、だからこそこんな小説が書けたのだとうなずける。

オリジナルはオリジナルであって、変遷してはならない。時代とともに変遷しなければならないならば、まったく新しいものとして生まれ変わったほうが良いと思う。最近読み返してみても、イアン・フレミングのカルチャーはいまの００７にはないとはっきり言える。ただひとつあると言えるとしたら、このシリーズの中で映画制作者が仕掛けたジェームズ・ボンドのいろいろな秘密兵器の登場であろう。当時は空想の産物でしかなかったものが、いまの技術の先取りだったと言えるものが多々ある。アストンマーチンについていた自動車電話や衣服のボタンに似せた自動追跡装置なども、いまではＰＨＳや携帯で可能になっている。そんな秘密兵器の登場は、イギリス人の発明家精神が息づいているという記事を新聞で読み、なるほどと納得もしている。

しかしいずれにしても、オリジナルのよさを知ってもらいたいし、見てもらいたい。そこにある秘密兵器ではなく、最もかっこよくすばらしい男を大人のサンプルとして発見するほうが、価値がある。たぶん世代を超えて感じ取れるはずだ。原作を超えたヒット作となった愛すべき００７に危惧を感じながら……。

『THE MOST FAMOUS CAR IN THE WORLD』 by Dave Worrall
『００７カジノ・ロワイヤル』 イアン・フレミング著／井上一夫訳　創元推理文庫
『００７ダイヤモンドは永遠に』 イアン・フレミング著／井上一夫訳　創元推理文庫
『００７バラと拳銃』 イアン・フレミング著／井上一夫訳　創元推理文庫
『００７ムーンレイカー』 イアン・フレミング著／井上一夫訳　創元推理文庫

## 『男と女』そして『RENDEZVOUS』

クロード・ルルーシュが監督した『男と女』を知っているだろうか。当時、この映画の作風がきわだって新しかったこと、映像で心理描写を美しく描いたことなどからアカデミー外国映画賞、カンヌ映画祭のグランプリに輝いた。それだけのことなら、似たような映画は多々あるだろう。

問題はこのクロード・ルルーシュという映画監督がそうとうな車好きだということだけではなく、自分の思いつきに、かなりのトラブルも覚悟でやってしまうタイプの人だったということだ。ここにこのクロード・ルルーシュの作った2本の映画がある。『男と女』は１９６６年に封切られ、『Rendezvous（ランデヴー）』は１９６５年に作られているが、どうも『男と女』の映画制作中に、企画されたというか発想したように思えてならない。そして2つの映画にいくつかの相互に連想できるポイントが見えかくれしている。映画の内容はまったく違うものの、あるポイントは『男と女』のイメージ予告版ともとれるからだ。そういった意味で見較べるとなるほどと、フランス人のウィットとしたたかさが読みとれる。

『男と女』をざっと紹介すると、レーシングドライバーとしてルマン24時間レースに出場したある男は、アクシデントで病院に運び込まれた。夫が死ぬかもしれないというショックのあまり、彼の妻は自殺してしまったという過去を持つ男と、スタントマンの夫を映画撮影中の事故で失った女が、お互いの子供を通わせている寄宿学校で出会う。互いの過去の辛い想い出に引きずられながらも、ひかれ合っていく男と女の心の揺らめきが、カラーとモノクロームの映像をたくみに織り交ぜて語られる。

そして、レースが好きで、少し前の車が好きな人には、こたえられないシーンが雰囲気を盛り上げてゆく。午後4時スタートのルマン、出場車のフォードGT40や、第35回モンテカルロラリーの場面、マキネンのワークス・ミニクーパー、コルチナ・ロータス、ルノー・ゴルディーニ、ランチア・フルヴィア、シトロエンDS21、そしてフェラーリ、ポルシェ911、この映画で主役が運転しているムスタングと、実に楽しめる。なにせ今となってはヒストリックカーなのだが、それがムキになって戦っているのだ。273台の参加に対し完走42台で、トップをワークスミニが奪っていた時期のことだ。この映画の良いところは史実にもとづいている点で、フォードフランスのワークスがこのムスタング1台で出場し総合11位、クラスウィナーになったことを前提に作られている。レースシーンばかりではなく、特にパリの街は美しく表現されている。パリの夜はモノクローム映像が最もふさわしいことを証明しているかのようだ。

そしてもう1本の映画『Rendezvous』、これはクロード・ルルーシュが、多分、身銭を切って個人的に作ったものだと思われる。なんとたった9分間のドキュメンタリーなのだ。ストーリーもナレーションもBGMもない。アメリカの自動車雑誌『CAR AND DRIVER』が「自動車の映画の中で、いままで見たこともない最高のものの一つ」と評している。

たった9分間、たった9分間なのだ、この映画は。そしてこれは、どんなコンピュータグラフィックで作られたものをもはるかに凌いでいる。やらせではなくて現実の映像なんだということを説明しなくても、誰にでもそれがわかるからだ。40年前といえば、全てがアナログの時代だった。この2本の映画を作ったクロード・ルルーシュ自身の車、フェラーリ275GTBのフロントノーズに撮影カメラをくくりつけ、早朝のパリ、凱旋門を正面に見える場所から、アクセル全開でスタートさせている。それだけを聞けば、なんだと思うだろう。しかし、見ればどんな人も言葉を失う。このフェラーリはアクセルをゆるめることがない。赤信号であろうが、通行人が横切ろうが、前方をバスや車がふさごうが、この9分間一度も止まらない。いくら早朝で、今の日本に較べれば車が少ないとはいえ、パリのメインストリートを撮影のため交通規則を無視して、フェラーリをアクセル全開で走らせ続けるということは危険すぎる。アクセルを踏みつづけていることは響きわたるV12サウンドとカメラが物語っているし、一応計画されたコースを走るつもりだったのだろうが、その場の道路状況によってアドリブで変えている雰囲気がよく伝わってくる。一発勝負の一か八かの映画をよくやったものだという感想を持つと同時に、誰もが見た後はニヤニヤしてしまう。

このフェラーリを運転したのはモーリス・トランティニアン。1955年モナコGPでフェラーリに乗り優勝した、1950年代のトップランクのF1ドライバーだったこともあって、あんな無謀なことをできたのであろう。そしてちょっと引っ掛かったことが一つあった。『男と女』の主役がジャン・ルイ・トランティニアンでレーシングドライバー役をやっていることと、『Rendezvous』のハンドルを握った人がモーリス・トランティニアンということ。この二人、14歳の差はあるが、兄弟なのか親戚なのか、どうでもいいのだが、気になった。その後、ある方から親戚であることを教えていただいた。気の合う身内でやってしまったのだろう。クロード・ルルーシュの創造力と無謀さを楽しんでほしい。

『Rendezvous』クロード・ルルーシュ 監督 1965年制作 (DVD) Sprit Level Film
『男と女』クロード・ルルーシュ 監督 1966年制作 (DVD) ワーナー・ホーム・ビデオ

## 素顔のスティーブ・マックイーン

１９７０年代のアメリカのＴＶコマーシャルで始まるこのビデオには、オートバイの本当の楽しさがにじみ出ている。こんなに気持ちの良いシーンの連続をほかに見つけるのは無理ではないだろうか。演技ではないマックイーンの本音、日常。ハスクバーナに乗ったマックイーンのダートライディング、メンテナンス、常によりそう女房そして子供達。水たまりでの立ち往生、砂浜でのカウンターステアのトレーニングと仲間達。バイクに乗るときはこれだけでいいとジェットヘルとトレーナー、グローブさえつけていない。70年代、アメリカ西海岸のダートエリアでバイクに乗るとしたら、これがあたりまえなんだと。

どこにも、何にも、あてはまらない男。不機嫌そうな顔つき、ダイヤの原石のようなにぶい輝きを時々チラつかせる。笑顔がいいのはあたりまえだ。彼はカメラから離れた時がもっとも精力的ではないかと思えてしまう。とりわけそれが目立つのは、バイクのレースに挑むときだ。

「他人といると息苦しい、俺は彼女（バイク）が好みなんだ」出場したこのエンデューロレースで、かなりむきになって走っている。

このビデオは、マックイーンをタレントとしてではなくレースの参加者の一人としてしか扱っていない。このDVDはアメリカの70年代の一般レースがどんなものだったのかを知らせる目的ではなく、オートバイの楽しさは、レースの中にもこんなに輝いているのだということをつたえている。だからマシンの絶対性能はこのレベルで良いのではないかと思えてならない。記録のためだけにオートバイレースがあるのではないということを見事に語っている。だから誰も、この映像を見て眉をひそめたりはしない。

100マイルのデザートラン。アメリカのどこにでもある広野を走るレース、ブルタコ、BSAが埃と泥だらけになって走る。昔のエンデューロは大らかだった。ほとんど何のディフェンスもないアスファルトの公道、尖ったブッシュの生えているダート、ヒルクライム向きの丘、渡河、そして泥沼を越えてゴール。マックイーンも完走。そのほかに、当時のドラッグレース。今では考えられないほど細いタイヤとウォーミングアップ。そしてスパイクタイヤをはいたアイスレース。

「もし、この仕事をしなかったら、今ごろは俳優ではなく、ごろつきさ」と彼は自分を育てたやくざな世界のことばで語る。彼はあらゆる仕事を経験してきた。レースドライバー、ビーチボーイ、セールスマンから客引きも。自分の忌まわしい過去から逃げるように転々と職を変え、彼は少年時代からこんな風に逃げ続けてきた。彼がまだ赤ん坊の頃、父親が家族を見捨てたのが事の始まりだったようだ。ミズーリの叔父に預けられたが、12歳のときニューヨークに飛び出している。路上でばかり過ごし、殆ど学校には行かないので母親は更正施設に送ったが、脱走してはすぐにつかまり、くさい飯も食べた。バーテンダーをしている時、たまたまオーディションに合格して役者の世界に入る。「彼はバイクのレースと同じような切迫さで演技をしている」とある人が言っている。その言葉は、彼にとってそれほどバイクが近い存在だったということを示しているのだろう。

この写真集も、このDVDと同時期のマックイーンを捉えている。このDVDにあるレース出場の時のいろいろなシーンから今まで未発表の私生活など、彼のもっとも男として素晴らしい人生をすごしている時期なのである。彼は映画スターにつきものの義務ともいえる所から常に逃げていた。滅多にパーティーやナイトクラブに行かないし、試写会では不機嫌だった。

「知らない5人の連中と一部屋にいたら気が狂うね、息が出来ない気分だ。分かるだろう」

「俺がこの商売から自分の取分の金を手に入れたら、高飛びするつもりさ、泥棒のように逃げるのさ」そう言っていた彼を、この写真集のどのページから感じ取れるかはあなた次第だ。

このDVDとこの写真集を見ることで、彼にとってバイクが何であったのかうかがい知ることができるし、どのくらい彼の中に必要なものであったのか理解できる。バイクというものが、人にとってどのような意味のある道具であるかということの一つの答えが、この映像と写真集にある。

『ON ANY SUNDAY』はブルース・ブラウンが1971年に製作したドキュメンタリー映画であり、同年アカデミー賞ドキュメンタリー部門にノミネートされた。オートバイがエンターテイメントとして認められ、絶賛を浴びたものだった。

写真集『Steve McQueen』は写真家クラクストンによる素顔のマックイーンのスナップフォトである。彼が愛した乗り物が数多く見て取れる。シェルビー・コブラ、63年式フェラーリ250GT、ジャガーXKSS、トライアンフ、CB72などでマルホランドをとばしたり、テキサスの小さな町でボンネットを開けて人に見せたりなどなど。

買って、失敗したと思う映像はよくあるし、写真集など特にそうかも知れないが、ここに紹介する映像と写真集がもしそうであったなら、文句をいってほしい。

『ON ANY SUNDAY　栄光のライダー』
ブルース・ブラウン 監督　1971年制作（DVD）ジェネオン エンタテインメント

『Steve McQueen』写真集　William Claxton 撮影　Steve Crist 著　Taschen 刊

## 本物の情熱とは

心に残る映画がある。私にとってなぜか共通しているのは、台詞や音響効果のない場面で印象的なシーンが多いものだ。映像だけで十分に表現され、声とか音は無いか、あっても控えめに使われているくらいが好き、といってしまえばそれまでなのだが。なまじ音で主張されるより、映像だけで表現されたシーンは想像をかきたて、作品との対話が生まれるからなのだろう。映画はリアルな映像が第一で、それが基本であるにもかかわらず、現在、映像自体の加工技術が進みすぎて現実離れしているだけでなく、音響効果を過大にしたものばかりなので、それを考えると見る前からいやになってしまう。音は映像で表現しきれない部分に大切に入れるほうがいいと思っている。その場面に必然的に起こりえる音はなければならないが、そういった音は自然にあるべきなのに、不必要な加工音がいま多すぎる。

私はテレビで何かの番組を見ていてコマーシャルに変わったときは、消音ボタンを押している。その音のないコマーシャルがなんとつまらないことか、そして静かなことか、いつもびっくりしている。たぶん同じ広告を週刊誌などで見たら、すぐに次のページに目が行っていることだろう。制作者の不必要な押し付けで、音でごまかされていると思うのは私だけだろうか。

無口な役者ほど演技がすばらしい。古くは黒沢映画に必ず出ていた志村喬や宮口精二などで、彼らの目の演技は忘れられない。彼らがいたから三船敏郎が引き立っていたのだ。最近のものではパトリス・ルコントの一連の作品は無駄な音が少なく、「せつなさ」という難しい表現を映像でよく見せてくれている。

長らく絶版になっていた映画『栄光のルマン』がＤＶＤとして再版された。１９７１年に公開された30年以上も前の映画だが、いまだに要望が多かったからなのだろう。それは単なるマックイーンのファンの熱望によるというものだけではない。クルマのレースの中でも特にルマンを題材にしたものは多いのだが、この映画はちょっと違う。彼は制作費のほとんどに私費を投じて、自ら制作・脚本・主演をこなし、時速２００マイル（約３２０キロ）をスタントなしで激走、思いどおりの映画を作ってしまった。しかし当初想定していたほどの収入が得られず、経営が傾いたといわれている。

この映画の特筆すべき点は、ほとんど台詞がないということだけではなく、回想シーンではまったく音すらないことだ。上映時間１０９分間の中で、始まって17分後に一言つぶやくだけという具合で、ナレーションもなく、大半をルマンというサーキットの臨場音とレーシングマシンの音が占めている。後半で少しは出てくるが、台詞をほとんど使わないで映画を作ってしまったといってもいいのではないだろうか。それでいながら、ストーリーがわかる映画なのだ。見ていると、自分が主役で、自分の脳裏に張り付いた場面を見ているような気さえしてくる。

この映画の臨場感は本物だ。この映画を作るために、前の年のルマンに19台のカメラを送り込み、ヘリコプターも使って、24時間フィルムに収めていたのだ。それがベースになっており、そのあとの撮影で、出場した56名のレーサーとレーシングマシンそのものを走らせている。しかし映画とはいえ事故はつきもので、フェラーリ512が撮影中に炎上し、4万5千ドルが灰になった。最初はマックイーン自身が実際にルマンに参戦して、この映画を作ろうとしていたのだが、彼のプロダクションと保険会社がどうしても首を縦に振らなかったそうだ。

当時この映画を見た式場壮吉氏が「レース映画というと、何をおいても駆けつけるのだが、そのたびに、ある失望を味わわされる。レースにおいて、こんなことはありえない、といった描写が必ずあるからだ。ところがこの『栄光のルマン』に限っては、そんなところはまったくない」と言いきっている。映画作りのためとして目をつぶらなければならないような矛盾もなく、本物が生み出す臨場感がすべてを覆い尽くした作品なのだ。

『FILMING AT SPEED - THE MAKING OF THE MOVIE "LE MANS"』というビデオがある。この『栄光のルマン』がどのように制作されたのか、息子チャド・マックイーンをホストに、当時撮影や制作にかかわった人たちへのインタビューが収められているほか、撮影中の様子や未公開のシーンなどが見られる貴重なものだ。

さらに、『A FRENCH KISS WITH DEATH』という本がある。これは、まさにこの映画をどう作ったかの全てが書かれている本だ。レース映画作りのノウハウの全てといっても良いだろう。めったに見られない貴重なシーンが多く、写真のキャプションを読むだけでも楽しめる一冊だ。

『A FRENCH KISS WITH DEATH : Steve McQueen and the Making of Le Mans : The Man, the Race, the Cars, the Movie』 by Michael Keyser, Bentley Publishers

『FILMING AT SPEED - THE MAKING OF THE MOVIE "LE MANS"』(video) Kultur Video

『栄光のルマン』 リー・カッツィン 監督 1971年制作 (DVD) パラマウント・ホーム・エンタテインメント・ジャパン

# もう見ることができない映画

「だいぶ前、イギリスで見た映画が忘れられないんだよ。日本では公開されなかったけれど、ビデオでもDVDでもいいから、取り寄せられないかな？　調べてみてよ」と仲の良い方から頼まれたことがある。イギリスで作られた映画なのだが、なぜか『LA PASSIONE』というイタリア語のタイトルだった。興味を持ったのはこの映画の制作者が、あの渋い声でフュージョンを歌うクリス・レアだということだったからだ。彼は１９８６年ともうだいぶ前のことだが、『ON THE BEACH』で一世を風靡したイギリスの個性豊かなシンガーソングライターで、ギタリストとしても素晴らしい腕の持ち主である。その彼のクルマに対する思いを映像化したもので、良き時代の、なんともほのぼのとした、わくわくするような夢物語の映画だった。

時代は１９６１年、イギリスでアイスクリームを売りながら、なんとか生計を立てていたイタリア系移民の一人の少年のサクセス・ストーリーである。ある時、少年と父とおじ達は白黒テレビで「モナコ・グランプリ」を見る。そこで話が持ちきりになった鮫のような鼻をしたフェラーリに少年は魅せられ、それを操るドイツのレーシング・ドライバーの優雅な暮らしと格好よさに圧倒された。いつかは彼のようになって故郷のイタリアへ錦を飾るという夢を持ちはじめる。今あるこのイギリスの灰色の生活と、イタリアのあのクルマはかけ離れすぎているが、心は赤いフェラーリで一杯になっていた。そしてこれが、この少年の生きる糧になる。彼はバニラ・アイスクリームのレシピを使って、化粧品を作り、それがビジネスとして成功する。彼が熱望していた彼自身の夢、フェラーリを手に入れ、イタリアに行くのだが、父の秘伝のレシピを盗用したことで、身内とは絶縁状態となってしまう。事業は成功したが、心のどこかに空白感を抱えていた。

フィナーレは、父やおじ達との関係を修復するためにイギリスに戻って再会し、親子の絆を確かめ合う場面だ。彼のその成功は、熱望を夢に終わらせず、情熱を持ち続けたことにあった。そして大切な人間関係を元に戻すこと……そんな物語である。

この映画の制作者クリス・レアの出身地がイギリスの重化学工業都市ミドルブローであり、彼の祖父がイタリアからの移民であったことなどがオーバーラップしている。彼の歌の中に労働者階級の哀愁が漂っているが、それはこの映画の中のイギリスの灰色の生活とリンクしている。また彼のクルマ好きは有名で、コレクションもすごく、車をテーマにした曲も数多く作っている。

日本では、この映画『LA PASSIONE』のサウンドトラック盤がCDで発売された。全12曲が収められ、そのうちの4曲が彼のヴォーカルをフィーチャーしたものだ。そして素晴らしいことに、007シリーズの『ゴールドフィンガー』の主題歌を歌ったシャーリー・バッシーのリード・ボーカルの曲があるし、もう一曲、クリス・レアと彼女のデュエットも入っている。この映画のメインの曲は彼が作って、自分が歌い、シナリオから制作まで全てを自身が行っている。

「夢がかなった」という彼の言葉があるが、この作品はまさに一人の男の夢の結晶なのであろう。こんな映画を見たいと思う人は多いはずだし、何とかならないものかと、この映画の権利を持っていそうなところを探し、問いかけた。日本ではまったく公開する予定はなく、イギリスでもビデオやDVDにはなっていないとのことだった。したがってわれわれは見ることはできない。さらに、このサウンドトラック盤のCDも、最近絶版になってしまった。私はいろいろなショップを回り、やっと日に焼けた店頭ショーケース展示用のCDを見つけた。この映画を知る方法はこれしかないようだ。このCDには映画のシーンが若干添えられている。

物好きが、絶対見ることのできない映画のネタを探すなんて、たまには面白いものではないか。この映画を見た方の話だが、映画の中で少年が夢想するシーンがものすごくファンタジックだそうだ。クリス・レアの『ON THE BEACH』なら、まだ手に入る。天辰保文さんがクリス・レアについてこう書いている「僕なんかからみれば、羨ましいほどにセクシーというか、艶っぽさが加わったその歌声に、思わずため息がこぼれ、できることならそれをすくい上げて皆さんに見せてあげたい、そんな気分でいっぱいです。もしも、このアルバムを手にしたのが男性であれば、グラスでも傾けながら、自分が男であることを秘めやかに確かめるのも悪くないでしょう。そして、女性の方であれば、こぼれ落ちる哀愁に身を包んで、歌と一夜を戯れるのも一興かと思います」……と。

**『ラ・パッショーネ』** サウンドトラック　クリス・レア　イーストウェストジャパン

# 葬儀馬の末裔

夫は小学校で歴史を教えている。生徒達は彼を嫌っているわけではないが、彼をいたぶることを止めるくらいなら、ぶたれた方がましだと思うくらい馬鹿にしている。そんな夫との生活で、彼女にとってハーレーだけが、そしてなぜそれを手に入れたかだけが大切だった。あるとき、彼女が彼女であったことを思い出すために、かつての恋人のいた場所へ走り出す。

フランスから国境を越えてドイツのハイデルベルクまで、何かを感じ、何かを思い出し、何かを求めて……過去の記憶をたどって、どの過去が重要だったのか、何がいま必要なのかを求めて走る。

素肌に何もつけず、直にレザースーツをまとい、片田舎の朝靄の中、まだ湿ったアスファルトの直線を150キロで飛ばす。このハーレーが彼女の回想の糸をたぐる唯一の道具であり、自己証明のための存在でもあった。またハーレーは忘我の彼方へ彼女を運ぶ貴重な道具であり、それゆえにシングルシートでなければならなかった。

この小説は、１９６３年フランスで出版された。この本の著者マンディアルグという作家はシュールレアリズムときわめて近い地点に位置しているといわれている。幻想を現実の一部と見なすこの作家の表現スタイルが、この『オートバイ』という小説の中、随所にあらわれている。この小説に出てくる黒いハーレー・ダビッドソンほど、オートバイが重要な役割を担っているのはめずらしい。そしてこのハーレーに対する表現は特別であり、ほかには見られない。たとえば「オートバイはいつも彼女の目に、古い偉大な葬儀馬の末裔のように思えるのだった」とか「ピストルかそれとも騎兵銃の引き金のようなカチッという音を立てて、シートは自動的に持ち上がった」とか「テーブルクロスの下で恋人の足を軽く踏みつけるような調子で、少しアクセルをもどして、四速に入れる」などなど……。

そして隠喩法によって、ハーレーにさらに重要な立場をとらせていく。シリンダーの中で始めはゆっくりと、そして序々に燃焼は加速され、ピストンが力強く上下にスラストする。その動きが激しく勢いが重く鋭いほど、意識は法悦の空間をさまよう。ハーレーの不等間隔のビートがここで必要だったのであろう。高度で精緻な技術に裏打ちされた規則正しいマルチシリンダーは相応しくない。人を燃え上がらせるために、高度なメカニズムはさほど必要ないのだ。論理的整合性もいらない。人にとって、途方もない力を生み出すものに跨ってそれを御することーーそれは乗馬とオートバイにのみ許された快楽であり特権だとこの小説は語っているように思える。

　それにしてもフランス人はよくわからない。第二次世界大戦でアメリカが同盟国となり参戦したことでフランスがパリが救われたというのに、戦後のフランスのアメリカ嫌いは徹底していた。１９６０年代は特にその傾向が強かったように思う。昔フランスに行った時、私はもちろんフランス語はほとんど話せなかったのだが、かたことの英語以前に、英語自体が無視された。それなのに、なぜフランスはファセル・ベガを作ったのだろう。パゴダルーフのメルセデス２８０ＳＬをもっと上品に高級にしたボディに、クライスラーＶ８をなぜ載せたのだろう。当時アメリカ経済が上昇気流に乗ってる時期で、アメリカが上顧客だったとはいえ、私の体験したフランス人気質からは窺いしれない。

　そしてマンディアルグも、この小説になぜハーレーなのだろう。モトグッチでも良いしＢＭＷでも良かったはずだ。そのハーレーは主人公にとって、まったく男として扱われている。シングルシートのハーレーは、人と一緒に乗ることを拒絶するためであり、自分のためだけの存在として位置付けられていた。

　この小説をもとに１９６８年に制作された映画が邦題『あの胸にもう一度』で、日本語スーパー入りのＤＶＤで再版されている。この本とＤＶＤについて特記すべきは、原書の内容と映画がほとんど一致していることだ。映画化されると原文がプロデューサーやディレクターによってかなり変更され、強調されるべき点が変わったり別のストーリー展開になることがよくあるのだが、この物語に関しては小説を先に読み、その後にＤＶＤを見ても楽しめる数少ないものといえる。
現代人の日常生活の奥にひそむ原始的な狂気のエネルギーを、愛と詩的幻想が織りなす耽美な世界を、これほどみごとに形象化しているこんな本はもう少ないだろう。オートバイに対する我々とは違った感性は、イノベーションの嵐吹き荒れる真っ只中にいる我々に、何か置き去りにしたものを見つけさせてくれそうだ。

**『オートバイ』** Ａ・ピエール・ド・マンディアルグ 著　生田耕作 訳　白水社 刊
**『あの胸にもう一度』** ジャック・カーディフ 監督　１９６８年制作（ＤＶＤ）キングレコード

# 現実と幻想のトンネル

だいぶまえ、イギリスのオートバイ雑誌の小さな広告の中に『tunnel of love』というビデオがあり、なんとなく気を引かれ、取りよせてみた。たったの12分のもので、ストーリーもとりたててどうということはないのだが、なぜか、時々思い出して見てしまう好きなビデオだ。映像は白黒だが、3カットだけ意味深長にカラーを使っている。12分という時間の長さは、もう一度見なおしてもいいという長さなのだろうか。私だけではなく、見た人はみんなリピートして見ていると言っている。

このビデオは、現実とそれに連なる幻想はコミカルでシニックだといわんばかりの展開を、短い時間で堪能させてくれる。

ストーリーは、ある男がノートン・ドミネーターに乗って、あたかもラビリンスから続いているような高速道路のトンネルを抜け出て、街へ出てくるところから始まる。特別人生がうまくいっている様子もなさそうだが、好きな風に生きている、そんなに気は強くない感じのそのバイク男が、街の渋滞につかまる。その男のスタイルはまさにいまＡＣＥ・ＣＡＦＥから出てきたような正統ロッカーズで、ノートンととてもきまっているのだが、バイクのキャブレターの調子がよくない。ストップアンドゴーのたびにキャブレターの調子を見ていると、となりに来たメルセデスベンツ２８０ＳＬに乗ったとびきりいい女と目が合う。その女に見とれている時にかぎって、エンストしてしまう。信号が青になって先に行ってしまったＳＬを追いかけ、横に並ぶと女は、やさしく微笑みかけてくる。

そんなことを繰り返しているうちに現実と幻想が交差していく。なぜかその女とうまくいきそうな自分、街の雑踏、若くもないおしゃべり仲間の戯言、日本人観光客の乗ったバス、ピースサインを送ってくるＧＬ５００。ノートンとＳＬがトンネルに入っていく。並走しながらトンネルの中で、その女とのＳＥＸの妄想にとらわれる。目がさめると自分一人がベッドの中。全てが夢かと呆然としながら、窓の外にあるＳＬを見つける主人公。

裸の上にレザースーツだけを身につけて、ＳＬに乗っていた女がノートンを気持ち良く走らせているシーンが続く。高速道路で四駆のサファリを運転しているピアース・ブロスナンのようないい男とノートンの女は目を合わせる。その道は、あのトンネルに続いている。サファリとノートンは、深くうねったトンネルに入っていく。

ナレーションはほとんどなく、音といえば全体の80％がバイクの音。ＢＧＶに一晩中流しておいてもいいし、時々目をやるのも楽しい。どこかで、自分の本音とオーバーラップする部分がいくつものシーンにあるからなのではないかと思ってしまう。多分、このフィルムを作った人のある一日を、現実以上に、おしゃれに作り上げたのではないかと……。

オートバイ乗りなら一度は経験するだろうそんな街での出来事を、自分にとって都合のいい成り行きに展開して、こうだろうなと夢想し、結末はこんなことかとチョッとひねってみたという感じだ。誰もが、そんなことがあったら、友達に鼻高々になれるのに……そんなことなど、そうはないのだから。

このビデオは、人の情念のいろいろな部分にダイレクトに訴えるフィーリングを、映像によく表している。とくにどうということのない日常の中に、思ってもみない多様な可能性が本来はあるのに、思いきりの悪さが邪魔をして見過してしまうほうが普通だ。このビデオの主人公もそんな一人だが、ある日の出来事が自分の思い、期待、都合の良さなどと織り交じり、現実と幻想がからみ合い、現実から遊離する。気がつくと現実であったかどうか自分でもわからない。でも実際にあった証拠だけが残されている。そしてあなたの日常でも、主人公を変えて同じ様に次のステップが始まるとでも言うように。

このビデオの中にはたくさんのキーワードがある。そのどれもが、納得できるものばかりだ。すばらしいコンディションの２８０ＳＬ、クリップオンとアルミタンクなどかなり手の入ったノートン、アンダーな気分と成り行き、気取ったつもりがうまくいかない自分、ざわついたいつもの日常といつもの場所、自分の欲望とハプニングに対するうろたえなどなど。何か本音をすごく感じてしまう。

このビデオをＤＶＤにし、３回繰り返すものを日本で売りたいと思い、この作者にいろいろな方法でアクセスしようと試みた。しかし、どうにも連絡がつかず、最初に手に入れて残した１本が手元にあるのみだ。

今ハリウッドで作られるスーパー・コンピューターグラフィックを駆使したものも素晴らしいのだが、驚きはあってもハートに残らない。自分はあくまで見ているという立場から離れられない。この『tunnel of love』は、自分と同化できるものを持っている、現実と幻想を。


『tunnel of love』 Robert Milton Wallace 監督　１９９７年作品（ビデオ） Production Company

## 原作者で、演奏者で、主人公

音楽というものに、強い思い入れを抱いたり、または惚れ込む、ということはほとんどなかった。そんな私が今、この曲を聴くと、止め処もなく涙が流れてしまう。ウアディスワフ・シュピルマンの１９４８年録音のショパン夜想曲20番嬰ハ短調（死後刊行された遺作）。それもこの１９４８年の収録のものでなくてはならないのだ。

シュピルマンの１９８０年録音の同じ曲の臈たけた演奏のものでもなく、シュピルマンの映画『戦場のピアニスト』の最初に流れるヤーヌシュ・オレインチャクの美しい旋律でもない。この終戦後間もない、まだ体に忘れられない傷の痛みが残り、心に記憶が鮮明にある頃の、シュピルマンのこの曲の演奏はまったく違って語りかけてくる。アナログでの録音だから音が違って聞こえるなどということではない。

また、１９４５年にこの映画のもとになった原作『戦場のピアニスト』を、シュピルマン本人が書いている。しかしこの本は当時、東ヨーロッパがソビエト連邦の支配下にあったためか、すぐ発禁処分となった。そして英語版が出されたのはその10年後のことだった。簡単に語ることのできない体験を本にしたのに、すぐ発禁処分になってうちひしがれていた１９４８年のこの曲の演奏は、そんな当時のシュピルマンの心境を表わしている。ワルシャワに戦前は36万人もいたユダヤ人が、終戦直後には約20人しか残っていなかった。シュピルマンはその１人だった。このピアニストがホロコーストの中で、どんな思いで、どんなふうに生き延びてきたか、聞こえてくるようだ。

原作を読んで映画を見るべきか、映画を見て原作を読むべきか、よく悩む。この映画を制作したロマン・ポランスキーは原作にほとんど忠実に作っている。なぜだかわかるだろうか。それはポランスキー自身がクラクフのゲットーでの生活を経験をしており、ワルシャワでの空爆から生き残ったユダヤ人であったからだ。そして自分の幼少時の記憶を、ここに再現しようと試みたといっている。なにしろこの原作の第１章を読んで、映画化する決意をしたそうだ。ワルシャワのゲットーの生々しい描写から始まるこの本は、写実性に富んでいるだけではなく、簡潔な表現で読むものにせまってくる。そして、なんといってもこのシュピルマンのピアノはすばらしい。

音楽は軟派的で、たいしたものではないという認識を持っていた私のような人間にとって、充分にショックを与えてくれるものだった。自分の感性というものに対する認識をよくよく考え直さなければならないし、あらゆるものに自分の感性を作動させなければならないと思い知らされた。例えば、人はものを食べるとき嗅覚がどのくらい影響しているのか、あまり認識していないということを、ある番組で聴いた。鼻をつまんで食べるとすごく違うものになるというので、実際にやってみたらまさにそうだった。

オートバイに乗るということは、クルマ以上に、運転するうえで全ての感性をフル動員させなければならないのだが、オートバイは、音を、響きを、そして鼓動を作り出す乗りものである。楽器の中で、両手両足を使い奏でる一般的なもの、それはピアノであろう。そしてオートバイも四肢を使って機能させ出力し音を出す。オートバイの中でもとりわけハーレーやドゥカティ、そして旧車の存在は、カタチもさることながら、音にあるのではないのかと思わずにいられない。手軽ゆえに香りのないインスタントコーヒーを飲むことと、電気モーターのような性能だけを売りものにするオートバイに魅力がないということとは同じなのだろう。感性の領域を駆使して何らかの道具を操作するためには、いくつかの感性を連動させることになる。何かを受け止めるときにも、たった一つだけの感性のみで受け止めているということがないはずなのに、なぜかひとつの感性だけを刺激する商品が多すぎる最近の世の中で、人の感性の多くの領域に訴求したものが長生きする商品だったり、良いといわれるものなのだとつくづく思う。

本人が主人公で原作者、音が主人公で本人が演奏者というつながりのノンフィクションを、見事に映像化した『戦場のピアニスト』は長く残ることだろう。

この映画で気になる点がたった一つある。最も重要なシーン（ドイツ軍将校の前で彼がピアノを弾く）でその曲が原作と違うことだ。原作では「夜想曲嬰ハ短調」としか書かれておらず、１８３０年（20番遺作）か１８３５年（７番）か、ポランスキーにとって確証が得られなかったから、バラード第１番ト短調作品23になっているのではないかと。しかし原作の翻訳者がシュピルマン夫人に伺ったところ、この映画の冒頭で流れていた「１８３０年（遺作）のほうであった」と本の追記にあった。いずれにしても原作と、ＣＤと、この映画は、リンクして感性を揺さぶる。想像を駆り立てる。

記憶のそこにずっと残る映像は、かならず素晴らしい音が寄り添っている。

『戦場のピアニスト』 ウワディスワフ・シュピルマン 著／佐藤泰一 訳　春秋社 刊

『SZPILMAN』 オリジナルレコーディング　ソニーミュージックエンタテインメント

『The Pianist（戦場のピアニスト）』 オリジナルサウンドトラック　ソニーミュージックエンタテインメント

## ジェームス・ディーンと550スパイダーの真実

誰でも何かを好きになるには、それなりの理由があるであろう。特にクルマについて、私は映画に大きな影響を受けた。映画に出てくるクルマに憧れ、それを華麗にあやつる主人公にしびれ、そしてその俳優自身がクルマ好きだとわかれば、より一層ファンになった。

スティーブ・マックイーンとジェームス・ディーンは、そういった意味でとても好きな俳優である。彼らのクルマをみると、マックイーンはジャガーXKSSやコブラ、J・ディーンもポルシェ356スピードスターと550スパイダーというこだわりぶりであった。乗り手を選ぶスパルタンマシンを足にするところなど、この2人はよく似ている。

ジェームス・ディーンが亡くなって50年目ということもあり、一昨年から去年にかけてさまざまな記念本が出版されている。その中に特に紹介したい本、『James Dean : From Passion for Speed to Immortality』がある。これは、ジェームス・ディーンとクルマとの関係をメインに、その短い生涯をたどった写真集である。

彼にとっての最初のスポーツカーは、白の356スピードスター。写真のなかには、ローカルレースに出たり、短パンだけで洗車にはげむ姿など、オフの日をいつも356とすごす彼の姿を見ることができる。そしてある日のサーキットで、彼は運命のクルマに出会う。そこには、550スパイダーが止まっていたのだ。その550を、腕組みしたまま、じっと見つめるジェームス・ディーン。550のことで、頭がいっぱいになっている彼の表情が、ほほえましくもあり、この後の悲劇を知っている者としては、せつなくもなってしまうカットである。

3本目の作品『ジャイアンツ』撮影中に、彼はついに550を手に入れる。ようやく撮影が終わり、待ちに待った初レース。マシンの馴らしもかねて、サーキットまで自ら運転して向かったが、途中で左折しようとしていた対向車と衝突し、ジェームス・ディーンは24年の生涯を閉じる。1955年9月30日のことだった。取材中のカメラマンによって、前を走る550とJ・ディーンをとらえた写真が、生前最後の1枚となった。

最終章では、事故直後の生々しい写真を含め、なぜその事故が起こったのかを検証している。550との初めての出会い、ようやく手に入れた宝物に喜びを隠しきれない様子、そして無残な姿になった550と、毛布にくるまれた彼の遺体。本書には、彼の生と死が鮮明に記録されている。

前述のマックイーンとは1歳ちがい。もしあのとき死んでいなければ、似たもの同士の2人は、きっとどこかで出会い、意気投合し、なにかとんでもないことをやってのけたはずだ。この本を見終わったあと、ふとそんな気がした。

『James Dean : From Passion for Speed to Immortality』

by Philippe Defechereux, Dalton Watson Fine Books

# 私の本棚に入っている
# クルマとバイクが好きな皆さんに
# 推薦するとっておきの本と映像

## 第1章 夢をのせて走る

02

01

04

03

01 『自動車を愛しなさい』
ケン・パーディ 著　高斎 正 訳　晶文社 刊　1972年

02 『モータースポーツの楽しみ』
高斎 正 著　論創社 刊　2002年

03 『THE ART OF THE MOTORCYCLE』
Solomon R Guggenheim Museum　1998年

04 『THE ART OF THE MOTORCYCLE』
Guggenheim LAS VEGAS　2001年

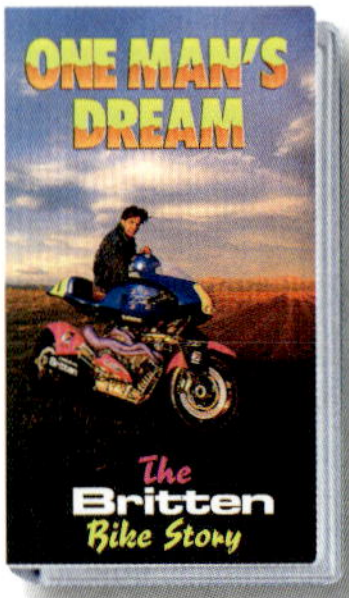


06

05

08

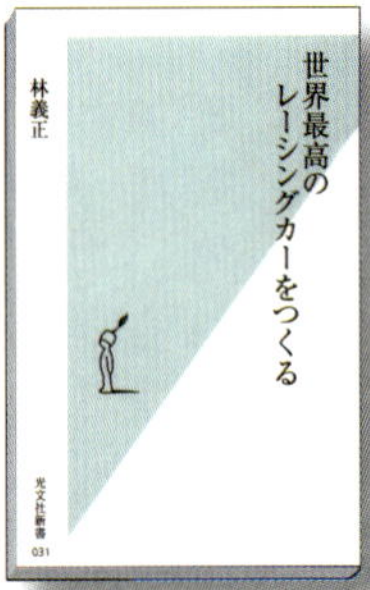


07

05 『Jeep　全ての条件を満たした最高の道具の物語』
Steve Statham 著　COUKO / Tequenitune 訳　リンドバーグ 刊　2003年

06 『ONE MAN'S DREAM-The Britten Bike Story』(ビデオ)
Ruffell Films　1995年

07 『世界最高のレーシングカーをつくる』
林義正 著　光文社 刊　2002年

08 『新版　レーシングエンジンの徹底研究』
林義正 著　グランプリ出版 刊　2002年

10

09

12

11

09 『The Most Famous Car in the World』
Philip Porter 著　Orion 刊　2000年

10 『Hemmings Motor News』
Hemmings Motor News 刊

11 『Sports Car Market』
Keith Martin Publications 刊

12 『Mercedes-Benz SLR McLaren』
Herbert Volker／David Staretz／Davi Maxeiner 著　Motorbuch Verlag 刊　2004年

14

13

16

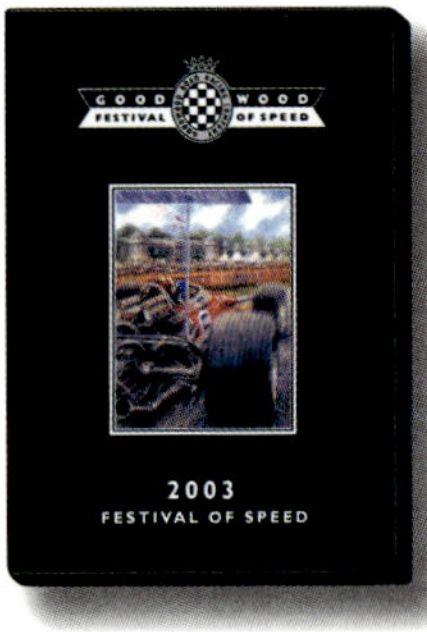


15

13 『GOODWOOD FESTIVAL OF SPEED 2001』(ビデオ)
Green Umbrella Productions　2002年

14 『GOODWOOD FESTIVAL OF SPEED 2002』(ビデオ)
GOODWOOD ESTATE　2003年

15 『GOODWOOD FESTIVAL OF SPEED 2003』(DVD)
GOODWOOD ESTATE　2004年

16 『GOODWOOD FESTIVAL OF SPEED 2004』(DVD)
GOODWOOD ESTATE　2005年

18

17

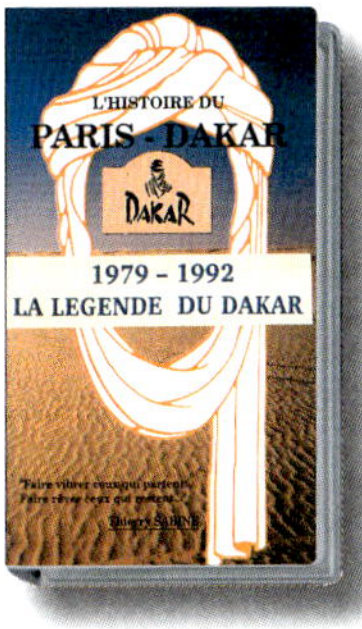


20

19

17 『Euro Circuit Guide』
David Walton 著　What's On Motor Sport Ltd 刊　2000年

18 『Faszination Auf Dem Nurburgring』(ビデオ)
RUF社　1989年　アーティストハウスエンタテインメント

19 『RUF Portrait』(ビデオ)
RUF社　1989年　アーティストハウスエンタテインメント

20 『L'HISTOIRE DU PARIS-DAKAR 1972-1992 LA LEGENDE DU DAKAR』(DVD)
A.O.C Sport

## 第2章 クルマとバイクをめぐる旅

22

21

## 第3章 好きだからあえて言いたい

24

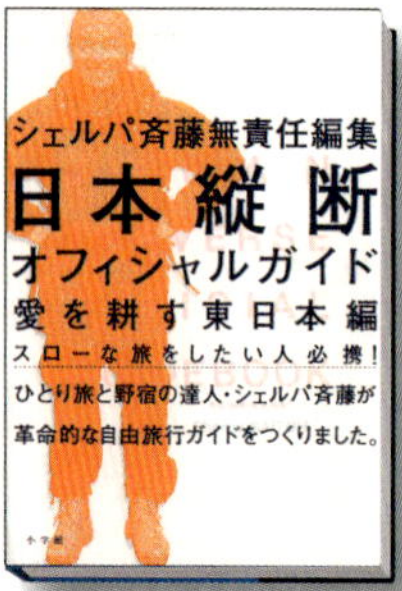

23

21 『TT Circuit Guide』(DVD)
Duke Video　2002年

22 『耕うん機オンザロード』
斉藤政喜 著　小学館 刊　2001年

23 『日本縦断オフィシャルガイド　東日本編』
斉藤政喜 著　小学館 刊　2001年

24 『疾れ!電気自動車　人類の未来を救うクルマはこれしかない』
船瀬俊介 著　築地書館 刊　2004年

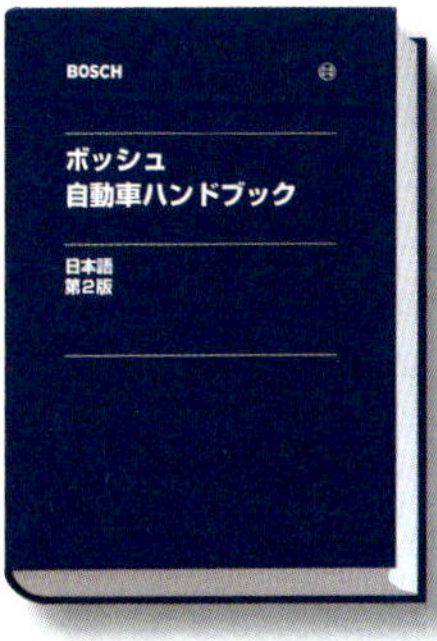


26

25

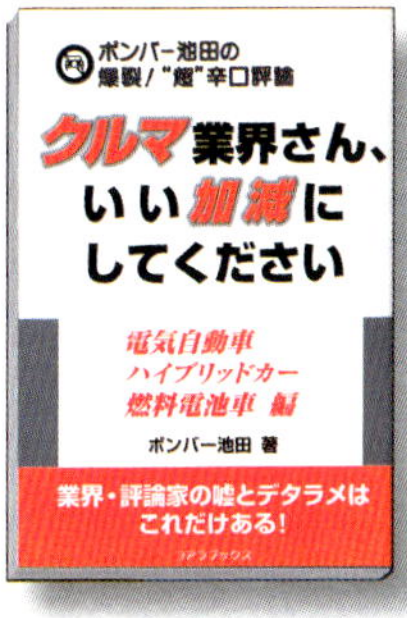


28

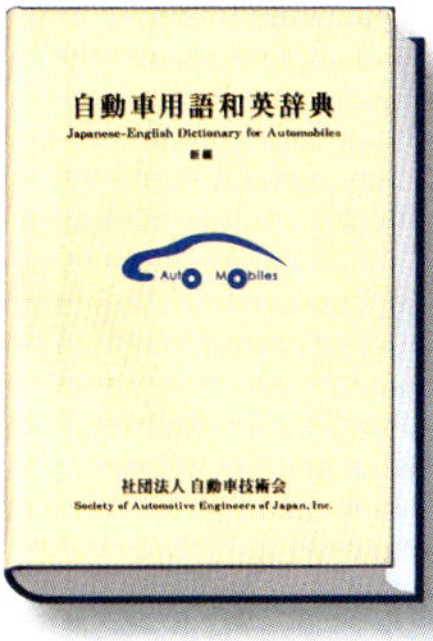


27

25 『The Great American HILLCLIMB』(ビデオ)
Big Sky Video

26 『ボッシュ 自動車ハンドブック』
ロバートボッシュGmbH 編　シュタールジャパン 刊　1999年

27 『自動車用語和英辞典』
自動車用語和英辞典出版委員会 編　自動車技術会 刊　1997年

28 『クルマ業界さん、いい加減にしてください——ボンバー池田の爆裂!超辛口評論』
ボンバー池田 著　アートブック本の森 刊　2003年

## 第3章 好きだからあえて言いたい

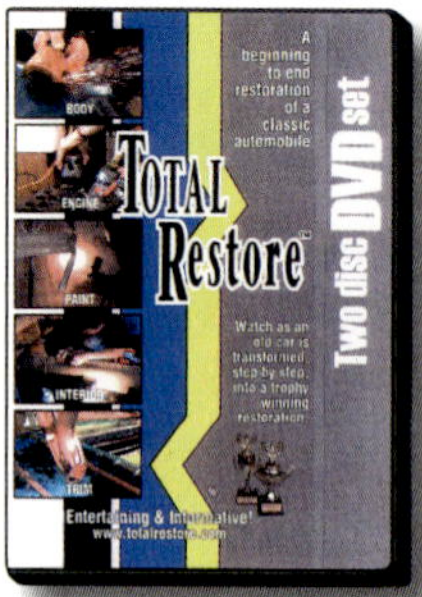

30

29

## 第4章 深遠なるモノ好きの世界

32

31

29 『日本の技術は世界一——先端企業100社』
毎日新聞経済部 編　新潮社 新潮文庫　2003年

30 『Total Restore』(DVD)
Culp Creation Inc.

31 『THE LOST SQUADRON : A TRUE STORY』
David Hayes 著　Hyperion Books 刊　1994年

32 『THE LOST SQUADRON - Glacier Girl』(ビデオ)
LOST SQUADRON Museum

34

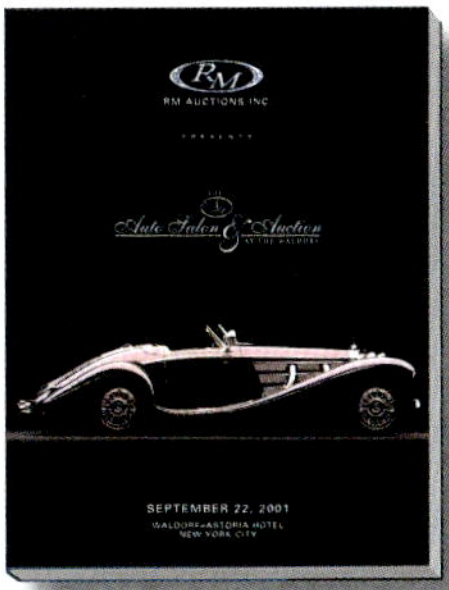


33

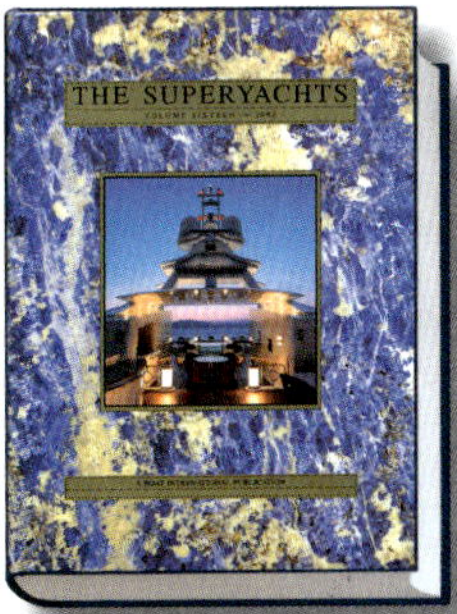


36

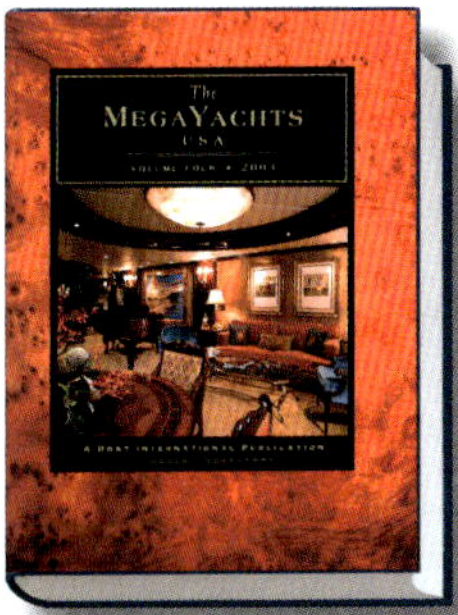


35

33 『New York Auto Salon and Auction』(カタログ)
RM Auction 2001年

34 『Famous Faces Watch Auction for Charity』(カタログ)
Antiquorum 1999年

35 『The MEGA YACHTS USA Vol.4 2003』
A BOAT INTERNATIONAL PUBLICATION 刊

36 『THE SUPERYACHTS Vol.16 2003』
A BOAT INTERNATIONAL PUBLICATION 刊

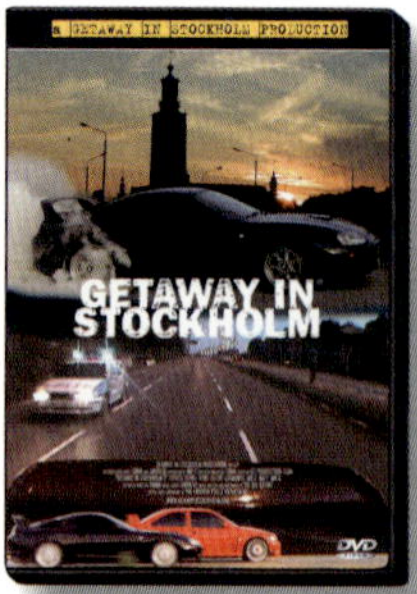


38

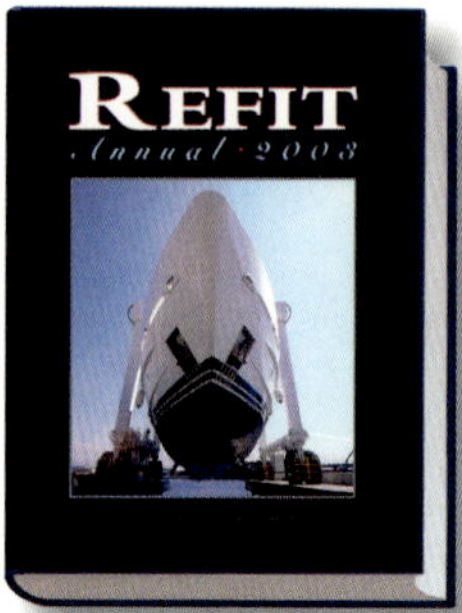


37

40

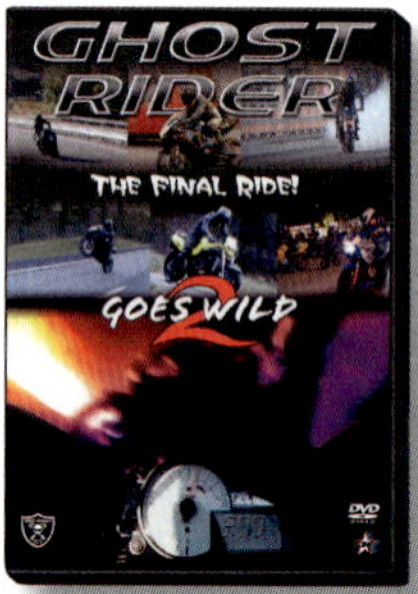


39

37 『REFIT Annual 2003』
A BOAT INTERNATIONAL PUBLICATION 刊

38 『ゲッタウェイ in ストックホルム Vol.1&2』(DVD)
ジェネオンエンタテインメント　2004年

39 『GHOST RIDER 1+2 DVD』(DVD)
ジェネオン エンタテインメント　2004年

40 『アンリ・カルティエ＝ブレッソン――疑問符』
サラ・ムーン 監督　1994年制作(ビデオ)　1999年

42

41

44

43

41 『How to Photograph Cars』
James Mann 著　MBI 刊　2002年

42 『HOW TO photograph cars : An Enthusiast's Guide to Techniques And Equipment』
Tony Baker 著　Haynes 刊　2003年

43 『Klassische Automobile』
Michael Furman 撮影　Delius Klasing Vlg 刊　2005年

44 『Speed, Style, And Beauty : Cars from the Ralph Lauren Collection』
Beverly R. Kimes、Winston Scott Goodfellow、Ralph Lauren 著　Michael Furman 撮影
Museum of Fine Arts Boston 刊　2005年

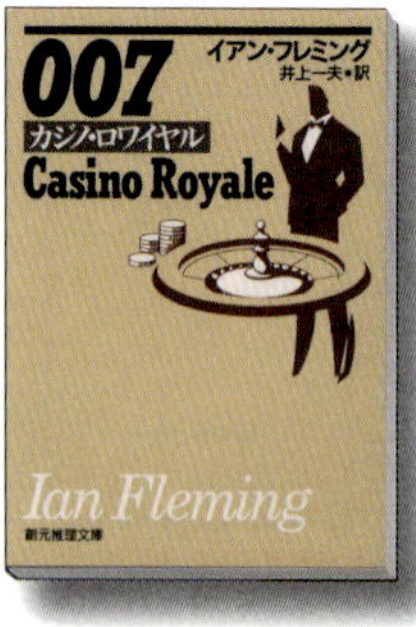


46

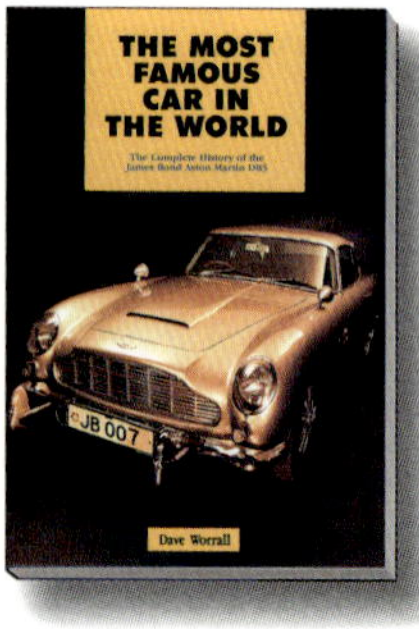


45

48

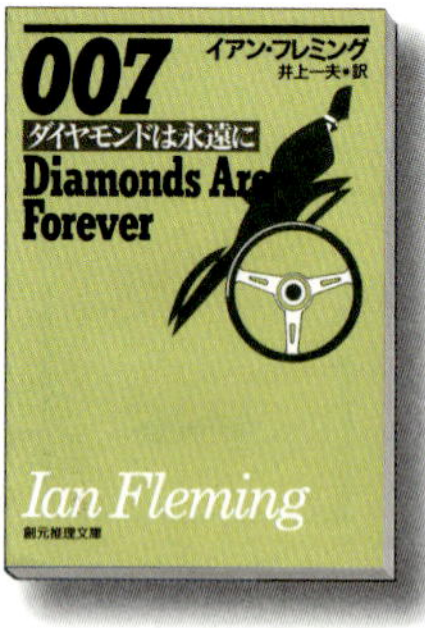


47

45 『THE MOST FAMOUS CAR IN THE WORLD』
Dave Worrall 著　個人出版　1992年

46 『007 カジノ・ロワイヤル』
イアン・フレミング 著／井上一夫 訳　創元推理文庫　1963年

47 『007 ダイヤモンドは永遠に』
イアン・フレミング 著／井上一夫 訳　創元推理文庫　1960年

48 『007 バラと拳銃』
イアン・フレミング 著／井上一夫 訳　創元推理文庫　1964年

50

49

52

51

49 『007 ムーンレイカー』
イアン・フレミング 著／井上一夫 訳　創元推理文庫　1963年

50 『Rendezvous』
クロード・ルルーシュ 監督　1965年制作（DVD） Sprit Level Film　2003年

51 『男と女』
クロード・ルルーシュ 監督　1966年制作（DVD） ワーナー・ホーム・ビデオ　2006年

52 『栄光のライダー』
ブルース・ブラウン 監督　1971年制作（DVD） ジェネオン エンタテインメント　2003年

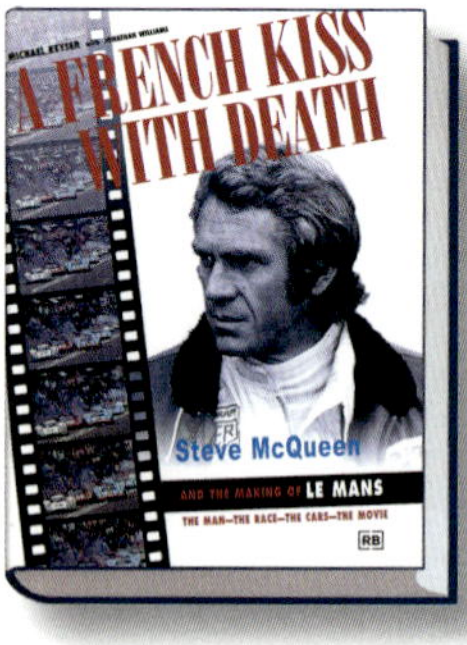

54

53

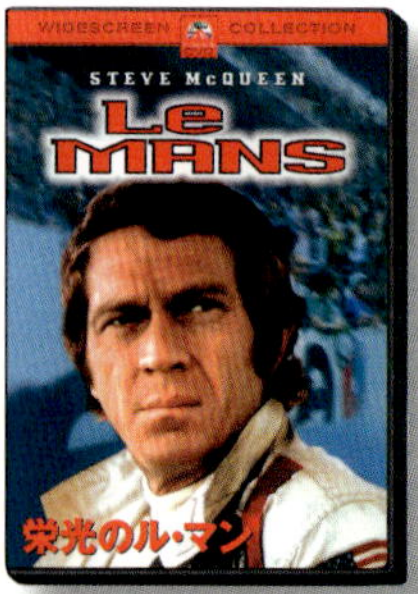

56

55

53 『Steve McQueen』写真集
William Claxton 撮影　Steve Crist著　Taschen 刊　2004年

54 『A FRENCH KISS WITH DEATH : Steve McQueen and the Making of Le Mans : The Man, the Race, the Cars, the Movie 』
Michael Keyser 著　Bentley Publishers 刊　1999年

55 『FILMING AT SPEED - THE MAKING OF THE MOVIE "LE MANS"』(ビデオ)
Kultur Video　2002年

56 『栄光のルマン』
リー・カッツィン監督　1971年制作　(DVD)　パラマウント・ホーム・エンターテイメント・ジャパン　2006年

58

57

60

59

57 『ラ・パッショーネ』サウンドトラック
クリス・レア　イーストウエストジャパン　1996年

58 『オートバイ』
A・ピエール・ド・マンディアルグ 著／生田耕作 訳　白水社 刊　1984年

59 『あの胸にもう一度』
ジャック・カーディフ 監督　1968年制作（DVD）キングレコード　2005年

60 『tunnel of love』
Robert Milton Wallace 監督　1997年制作（ビデオ）Production Company

62

61

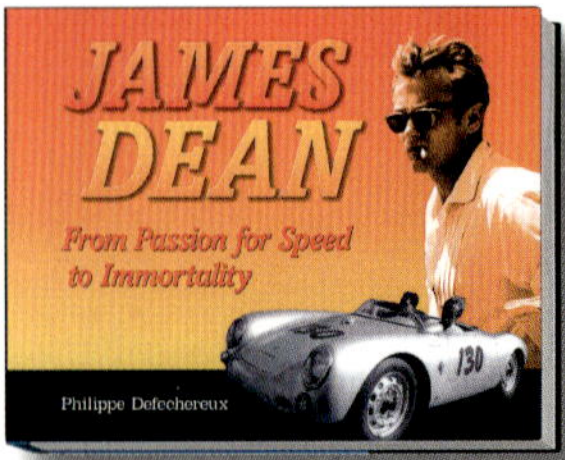


64

63

61 『戦場のピアニスト』
ウワディスワフ・シュピルマン 著/佐藤泰一 訳　春秋社 刊　2003年

62 『SZPILMAN』オリジナルレコーディング
ソニーミュージックエンタテインメント　2003年

63 『The Pianist(戦場のピアニスト)』オリジナルサウンドトラック
ソニーミュージックエンタテインメント　2003年

64 『James Dean : From Passion for Speed to Immortality』
Philippe Defechereux 著　Dalton Watson Fine Books 刊　2005年

# 第6章　クルマと私の関係をいうならば……

ジープ

## 初めて目に焼きついたクルマ

私がまだ幼稚園のころ、一番最初に強いインパクトを受けた乗物は駐留軍のジープだった。それは、大きな鉄の弁当箱を上に向けたようなもので俊敏に動いていた。

終戦直後、私が育ったのは横浜伊勢崎町の隣で長者町五丁目だった。太平洋戦争が終わって親父が復員してきたが、家は消失していたので、伯父が経営していた病院の個室が我が家だった。一応、総合病院だったので、ありとあらゆる病人を見ながらの生活だった。とくに米兵の患者が多かった。米軍基地内の病院に行けばよいものをなぜ、きれいな日本人の女の人と一緒に来るのか、当時はわからなかった。そんな米兵たちは必ずジープで乗りつけていた。

ウィリスのジープは真冬でもトップはなく、フロントガラスは前に倒れており、もちろんドアはなかった。運転席から座ったまま腰を上げず、尻を中心に身体を90度回転させ、反動をつけて飛び降りてくるやり方が格好よかった。普通は二人で乗る決まりになっているようだった。しかし、内緒で病院に行くのだから、一人乗りならうちの病院に来るに決まっていた。病院の前できれいな人と待ち合わせ、そそくさと入っていくのを見届けてから、私はジープの運転席によじ登り、同じ飛び降り方をまねてみた。反動がつきすぎて、顔面をアスファルトに思いっきり叩きつけてしまってから、ジープに近寄るのもいやになった。車とのふれあいの最初だった。それからは、クルマに近づきたくなくなり、ただ見るだけのものにした。

## クルマはいたずらするものだった

その後、渋谷の宇田川町に住むところは変わり、小学校に入った。ちょうど今の公園通りを上りきったNHKあたりから明治神宮までが、米軍高級将校用の住宅地だった。そこは3メートルぐらいの高さの煉瓦塀で囲われ、入り口にはMPが立ち、ワシントンハイツと呼ばれていた。門の中に入っていく高級なメルセデスベンツに触りたくて、友達と夜中に3メートルの塀をよじ登り入ってみた。そのころは外車といえばアメリカ車が多くキャデラックやパッカードなどで、メルセデスベンツはほとんどなかった。友達としゃがんでベンツを撫でているうちに、ボンネットの上に輝くスリー・ポインテッド・スターが、忍者遊び用の手裏剣になることに気がついた。むしり取ろうとした。それはスプリングで止めてあり、子供の手でひねり取るには苦労した。3台目になると手馴れて簡単にはずせるよ

日野ルノー

うになった。もうこれは仲間の宝物になった。その後、ＭＰのジープが塀の外を走る回数が増えた。このときの仲間だけがわかる忍び笑いをいまだに覚えている。車に限って悪さをするだけではなく、どうしようもない悪ガキだった。新築されたばかりの東横デパートの屋上からドブ鼠を放して空中遊泳させたり、火薬を自作して神社の神木の根本で爆発させ倒してしまったりなどなど、きりがなかった。

初めて乗った動くクルマは、タクシーの日野ルノーだった。小さく窮屈で、子供ながらに良いとは思わなかった。それに引き換え、あのメルセデスベンツのおおらかな広さはなんだと思った。ましてキャデラックなど日野ルノーの4倍はあると思っていた。外車を一人で運転している人を見ても、将来自分も運転するかもしれないなんて思ってもみなかった。クルマは自分にとってまったく想像の外にあった。

## 最高のクルマによる洗礼を受けた

医者になるつもりはなかったけれど、身内がほとんど医者ばかりだからと獨協高校に入学した。ここでクルマというものに対して、普通の人とは違う見方がさらに育まされていったと思う。それは歯医者の友達の家でヒルマンを買ったこと

ファセルベガ·ファセルII

から始まる。ほんの数キロ乗せてもらって、あまりのソフトな乗り心地に感激していた。ヒルマンがこんなに良いのだから、キャデラックはどんなにすばらしいのだろうと唸っていた。

そのころ世の中にクルマ自体が少なかったからなのか、それともこの学校がということなのか、クルマで通学し、学校のメインエントランスの脇の駐車スペースにあたりまえのように止めるやつがいた。車は白のMG－TFだった。誰も腹を立てたり、いたずらしてやろうなどとは思わなかった。かっこつけた奴だったが、かっこがついていた。桁違いの生活をしているやつで、うらやんでもしかたがない対象といった気分だった。学校も自由にさせていたどころではなく、雨になると学校の用務員がカバーを掛けていた。

また、運転手付きで濃紺のファセルベガ・エクセレンスで登校するやつがいた。こいつはMGの奴とも別格で、みんな恐れ入ったという気持ちで接していた。このクルマの流麗なラインはいまだに脳裏にこびりついていて、当時のアメ車の絢爛さよりも、ロールスの深遠な重厚さよりも、近寄りがたい上品さに見蕩れていた。もうそれから40年以上も経つのに忘れられない。どんなクルマが欲しいかと聞かれたら、今でも間違いなくファセルベガ、それもファセルIIと迷わず答えてしまうのはこの記憶が鮮明すぎるからだろう。

当時は、クルマのランクが生活のレベルをはっきりと示していた時代だった。毎日行く学校で、そんなすごいクルマばかりに接する毎日だった。持てる人が、持つべきレベルで維持し、それをあたりまえのように使っていた。いずれにしても私にとってクルマは乗る物ではなかった。クルマとは、仲間と見て楽しむ最高の物という存在だった。すぐそばにある学習院に入っていくロールスのリムジンは明らかに皇族の方が乗っていた。誰が乗っているかなどどうでもよかった。あの車の塗装の厚さは5ミリもあると誰かが知ったかぶりに言うのを、ただ皆うなずくだけだった。

ちょうどそのころ、カーグラフィックが創刊された。外国のクルマの紹介ばかりで、こんな雑誌はほかにはなかった。当時の私にとって、この雑誌でクルマの知識を得ようとか、物知り顔で人に話したいなどまったく思わず、毎月端から端まで広告も含めてひたすら楽しく全て読んでいた。編集長の小林彰太郎さんは大金持ちではないかとずっと思っていた。

日本で始めてのF1GPが富士スピードウェイで開催されることを知り、仲間でパドックパスを手に入れた。このころはおおらかで、ピットのそばまで誰でも近寄ることができた。少し離れて立っていた友達がいきなり悲鳴を上げうずくまるのを見て、とんで行くと、今、タイレル（当時はこう表記されていた）の6輪車に足を轢かれたところだった。軽い車体とスリックタイヤで低速だったからなのか、騒いだだけでなんともなかった。その後、かれはＦ１マシンに轢かれたことを大げさに自慢するようになった。

## ヨーロッパの街はクルマの博物館

大学に入っても、クルマの免許は取らず、合気道だのアーチェリーだのクラブ活動のために行っていたようなものだった。そろそろ3年になる時期に大学闘争が勃発し、学生が大学を占拠してしまった。私自身はその闘争に関心はなかったが、自分の大学に機動隊が押し寄せてくることだけが気に入らなかった。機動隊車両がすごく憎らしく、屋上からコンクリートブロックを機動隊車両の屋根に投げつけていた。6階建ての屋上から投げたのだから、運転していた人がすごい音にびっくりして飛び出して、それをおもしろがっていたのだが、今考えるとずいぶん手荒なことをしていた。

4年生のとき、ヨーロッパの建築を見るツアーを大学が初めて企画した。1カ月間で10カ国をバスで回った。建築を見ることが目的だったが、ヨーロッパの女とクルマにばかりに目がいっていた。カーグラフィックに載っていた写真の本物

スバル1000

が目の前にあった。どの街のたたずまいにもクルマは控えめに、だがしっかりと溶け合っていた。ローマの白いアルファロメオ・ジュリア・スパイダーに乗った女性も、ミラノで見た、まったく隙のない装いをした老紳士が運転するドライエ165も、ミュンヘンのベージュのフォルクスワーゲンのパトカーも、そしてぼろぼろだがお洒落な2CVも。

1968年ごろのヨーロッパは今よりはるかにクルマは少なく、一台一台がとてもよく見えたし、私にとってヨーロッパの街はクルマの博物館だった。中世がそのまま息づいている街の道は、クルマのために作られた道ではないのだから、どんな場所でもクルマはひっそりとたたずんでいた。私の好きなアトリエファイブの集合住宅も、アルバー・アアルトの教会も、ミースも、グロピウスもすべて文化を具現化したものと目に映り、クルマも文化の一部として溶け込んで、それがあたりまえに感じられるすばらしい記憶に残る旅だった。

## スバル1000、そして最初に買った外車

クルマの免許を取ったのは25歳と遅かった。サラリーマンになり、子供もできてクルマが必要になったからだが、最初の車は悩みに悩んで中古のスバル100

ローバー2000TC

0だった。うれしくて初乗りに、会社の先輩を誘い伊豆まで行った。帰りの箱根ターンパイクの下りでスピンしてしまい、その先輩はもう二度と私の運転するクルマには乗ろうとしなくなった。

毎週休みの日曜日は、子供と散歩と称して環八のクルマ屋巡りが趣味になった。外車の中古車屋が出始めのころで、むかしのカーグラフィックに載っていたまさにその車があった。そして、あるホンダのディーラーと仲良くなったことが、人生の大きな転機となった。完全にクルマ道楽の道をさまよい始めたのだ。ちょうどシビックが発表された時期で、迷わず買ってはみたものの、この和製ミニよりもスバル１０００のほうが良いと思った。その後、4連ＣＲキャブの付いた中古のシビックＲＳに乗り換えて、ファンネルからの吸入音にしびれていたのも束の間、やはり外車に乗りたい気持ちを抑えきれなくなっていった。

最初の外車は、当時の小林彰太郎さんのクルマと同じローバー２０００ＴＣと決めていた。このクルマのことは、調べに調べ上げた挙句、１カ月も迷って中古を手に入れた。時速１２０キロぐらいの走行フィーリングは最高で、たとえようもないほどよかった。アクセルを急激に踏んだときのツインキャブの吸入音もしびれていたが、唯一の欠点があった。パワーステアリングでなかったため、今のクルマからは考えられないほど重く、都内の渋滞をうろうろするにはまいった。

ホンダ・アコード

そんな折、ホンダからアコードが発売された。そのころの日本車にはない低いダッシュボードと使いやすそうなハッチバックは、サラリーマンであった自分に説得力があったなどというのは言い訳で、ただ新しいものにとびついた。普通の四人家族の生活に疑う余地もなく適正なクルマであり、ローバーに別れを告げた。納車され、喜び勇んで乗ってみたものの、使い勝手に文句はないが、何の昂ぶりもないことに愕然とする。後悔しながらも、その我慢は1年しか続かなかった。

## ホンダS800／S600

走る楽しさと実用性を両立させることなど、もともとナンセンスなことだとようやく気がつき、究極の選択をすることになった。ホンダS800とライフ360のバンに替える計画を立ててしまった。もう女房は何も言わなかった。仕事が終わって帰ると、何時であろうとS800で毎晩走りに行った。なにかS800とともに生きているようだった。

たまたま帯広の友人の結婚式に出ることになり、一緒に出席する友達とS800で行くことにした。当時、最初のスーパーカーブームが起こっていたころで、何を間違えられたのか北へ向かう途中、珍しがられてずいぶん写真を撮られ、悦

ホンダS800

に入っていた。男二人の長旅で話すこともなくなってくると、ダブルクラッチのやり方が悪いと喧嘩になったり、1万回転からの加速感に酔いしれたりしながらの珍道中だった。5月だからと高を括り北海道の天候を調べもしなかったことが災いして、札幌から日勝峠を越えるあたりで吹雪に遭遇し、えらい思いをしながら帯広に何とかたどり着いた。往復2500キロの好き勝手なドライブがたたって、帰りの時点で100キロ走行当たり1リットルのオイルを食うようになり、東京に着いたときはそのままホンダファクトリー行きとなった。シリンダーから上のオーバーホールに数カ月かかってしまった。

その間またしても無性にクルマ雑誌を読み漁り、Sの究極は600だと結論付け、オーバーホール済みのS800を下取りでS600に交換してしまう。6000回転でクラッチミートさせ、つながった瞬間ヒップアップしてスタートする快感に浸り、4連CRキャブとピーキーなエンジンの伸びに酔いしれていた。ある時、東名高速で見ず知らずのフェアレディSR311と旧車同士の走りがヒートし始め、双方でスピードを上げ始めてしまった。あたりまえのことで、結果はS600のシリンダーヘッドが吹き抜けてブローし、S600と別れるはめになった。もう馬鹿も極まってきている自分に呆然としていた。S800・S600ともに、自分のそばにあるよりホンダのサービスファクトリーに入っている時間

ホンダXL250

のほうが長かったように思う。

S600がなくなって次を物色していたとき、広島に3カ月の長期出張に行かなければならなくなった。例のホンダのディーラーに行くと、下取りの三菱ギャランがあるからと貸してくれた。東京広島間が往復約2000キロだから、3カ月なら合計3000キロと思ったのだろうが、九州から山陰、北陸まで何度も走り回って、3カ月で2万キロ走ってしまい、帰ってきて返したらかなり怒られた。

## バイクが人生を変えた

あるとき、そのホンダディーラーのショールームにホンダTL125が4台展示されていた。そのディーラーの社長から、これでツーリングに行こうと誘われた。私はそのころまだオートバイの免許は持っていなかった。あわててオートバイの免許を取り、皆の真ん中あたりを走っていれば大丈夫と、わけのわからない説得をされて行った高尾山までの日帰りツーリングが私の人生を変えた。

その後、オフロードホンダXL250Sを買い、行けそうなところは、通行止めだろうが何だろうがかまわず走り回った。なにしろクルマが好きでバイクが好きで、いろいろなところに行くことが楽しくて、知らない人と仲良くなることを無闇にやっていくと、だんだんサラリーマンがいやになってきた。仲の良いホンダのディーラーの社長にそんな愚痴をこぼすと、「そんなに言うなら、バイク屋でもやればいいいじゃない」と無造作に言われたその一言が人生を決定づけた。

その後、かなり無理して設計のアルバイトを5年間やって開業資金を作り、13年間勤めた建設会社に辞表を出した。

「転勤もさせず本社でやりたいことをさせて、何が不満か！　辞めて設計事務所でもやるというのか！」

「いいえ、バイク屋をはじめます」

「え？」

部長はあきれて、それ以上何も言わなかった。大手建設会社の静かな設計部で、製図版に足を乗せ、施工現場の所長と電話で怒鳴り合い、気に食わないと部屋から出て行き、その日は帰ってこないことなどよくあったからかもしれない。一応仕事はやることはやるが、札付きの変なやつと思われていた。

## 初めてのメルセデス

ＨＹ戦争が始まっていたころの１９８１年の夏、35歳でバイク屋をオープンさ

メルセデスベンツ280CE

せた。最初はメーカーのオートバイをそのまま売っていたが、ヤマハのSRのカスタムの可能性に惹かれたこと、シングルバイクだけのレースが始まったことなどから、シングルバイクのスペシャルショップとなっていった。常に新しい提案をSRでしたくても資料がすぐ手に入らず、手間が非常にかかって困っていた。

たまたま環八に面していてバイクの倉庫にしようと借りた木造15坪の家を、クルマとオートバイ専門の書店にしてしまえば、自分に必要な資料が手に入ることだし、困っている人もいるだろうからと、そういう本屋を始めてしまった。半年ぐらい赤字つづきでもう止めようと思っていると、なんとなくお客さんが察したのか「ずっと続けて欲しい」と言われてずるずると一年経ち、そのうちなんとか軌道に乗るようになってきた。建築の設計しかできないやつがバイク屋を始め、4年後に本屋を始められたのは、当時の世の中が活発だったし、たまたまいろいろな方たちに支えられたからだった。

二つの店が何とかなってくると、また悪い虫が疼きはじめてきた。当時、環八でもこの世田谷あたりは外車の中古車屋が年中オープンしていた。仲良くなった外車中古車屋から、中古のメルセデスを買った。たて目の280CE。セダンでいながら2ドアで斜め後方からのアングルが好きだった。充分すぎるほど気に入って半年ほど乗っていた。たまたま国道246で、女性の運転しているMGBと

マツダRX-7

なぜか追いつ追われつとなり、彼女の運転がうまかったのかチューニングされていたのか置いていかれてしまった。そんなこともあって、たて目のメルセデスの究極はスポーツカー280SLしかないとうなされ始め、仕事も手がつかなくなる。このクルマも、好きなアングルは後ろを高い位置から見下ろしたときで、湾曲したパゴダルーフがたまらなかった。結局なんだかんだといいながらもUSA仕様の280SLを手に入れた。しかしUSAのバンパーとヘッドライトが気にいらず、大枚叩いてヨーロッパ仕様にしたのも束の間、真冬にヒーターが壊れ、温風が出なくなった。次にこのクルマの機械式インジェクションが壊れたらと恐れはじめて、もうこれ以上金は出せないとなくなく縁を切ることになった。

## やはり、国産スポーツ?

ある日、久しぶりの友達から、2年落ちブルーメタリックのRX−7を手放したいと持ちかけられた。二つ返事でOKする。なんと早く快適なことか、やはり国産はいいなどと思っていたのはほんの少しの間のことだった。深夜、甲州街道の初台あたりでスピード違反の検問につかまり、脇に止めて下りろと指示された。検問体制が手薄で、捕まっている人が多い状況を瞬時に読み取り、ライトを消し

スカイラインGT-R

てゆっくり走り出した。逃げる私のRX－7に担当の警官は赤色の懐中電灯を投げつけ、それがリアのガラスハッチに当たった。あれほど肝を冷やしたことはなかった。もう一方通行だろうがなんだろうがかまわず逃げ回って、知らない駐車場で朝を迎えた。懐中電灯を投げずにRX－7のナンバーを控えていたら私はすぐ逮捕されていただろう。そんなこともあってRX－7よりフィーリングのある歴史ある国産車にしたくなってきた。

あるメカニックと雑談しているうち、ベストなエンジン形式は直列6気筒だという結論になった。直列6気筒で味のあるヒストリックスポーツは、むかしS600で張り合った1967年式後期型フェアレディSR311で、色は白でなければならなかった。レストアされたとてもよいクルマが手に入ったが、ダンパーにまで手が届いてなく全体に振動がかなりひどかった。たまたま社員が欲しがったのですぐ手放し、当然エアコンなしの4ドアスカイラインGTR・PGC10となる。キックバックのあるステアリングとクラッチの重さには閉口したが、羊の皮をかぶった狼はとても楽しめた。

だいぶ後になるが、1971年式の240ZGにできるチューニングを全て施し、キャブレターターボをつけたものに乗って、知り合いの車仲買業者が遊びにきたことがあった。彼はそれを売ることができず困っていた。ドラッグマシンの

シボレー・エルカミーノ

ごとくやりすぎていて、ぜったいに車検は通すことができない代物で、あと半年しか乗ることができなかった。チューニングには500万費やされていた。とりあえずナンバーのある化け物で、それまでいろいろなものに乗ったが、たぶん一番速かった。瞬時に時速250キロは出たし、フロントガラスの景色の流れ方がまったく違っていた。こともあろうに買ってしまい……後はご想像にお任せする。

## 使い勝手はベスト……エルカミーノ

1980年後半から、シングルのオートバイレースが盛んで、私も朝までかかってエンジンをチューニングし、そのまま寝ずに筑波サーキットまで飛んでいくことが多かった。ハイエースは遅く、運転もつらいから何かないかと思っていたとき、向かいの中古車屋にある濃紺のエルカミーノ428を見てしまった。ずっと後になるが、『ボディガード』という映画でケビン・コスナーが乗っていたものとまったく同じものだった。私とメカニックとライダー三人が乗る筑波行きの最速の車両になった。室内は後ろを見なければシボレーのサルーンだったし、荷台が低かったので、レーシングバイクの上げ下ろしはとても楽だった。誰とどこへ行っても、何でも積むことができた。あの最終型のエルカミーノの程よい使い

シボレー・コルベット・スティングレイ

よさと、昔のアメ車の雰囲気はいまだに忘れられない。乗り方も乗り方だったし、かなりエンジンに負担をかけていたこともあって真夏にオーバーヒートし、手放すことになった。

ずっと後に、シボレーC１５００の新車を買ったこともあった。７リッターのパワーは体感したことのない凄さがあり、トルクの塊とはこれだと思わせた。オートバイのレース参加も広告費として割り切っていたが、出費が大きすぎて見合わせるようになり、３０００ccのデリカに食指を動かされ、大きさも程々なことを言い訳に乗り換えた。静かで便利なうえ思っていたよりパワーはあり、管生サーキットまで４人乗ってバイク１台と荷物満載でも時速１７０キロ出すことが可能だった。

しかしアメ車のおおらかさというか雑なチャレンジ精神というか、そんなところが好きだったし、やはり便利な道具以上のわくわくするものがほしかった。友人のクルマ屋から、在庫過多で仕入はしないが、札幌まで行けば１９８２年型の赤のコルベット・スティングレイが格安で手に入ると涎が垂れそうな話を聞いてしまった。コークボトルスタイルのTバー・セミオープンのリミテッド・エディションを手に入れなければならないと思い込んでしまった。札幌には雪がないことを調べて、個人売買に出かけた。札幌から苫小牧まで走りフェリーで東京まで帰るのだからと安易に考えたことが大間違いだった。またしても雪が降り、コルベット用の太いチェーンはどこにもなく、ありあまるトルクで後輪はすべり、一人で死ぬ思いで大声を上げた。ようやく東京に着いて、そのまま売りにいった。

その後、チェロキーやフォード・ブロンコも試してみたが、やはりアメ車はジープに乗らなければわからないと気がつき、ソフトトップのジープ・ラングラーを手に入れた。ホイールベースが短いこともあって軽自動車並みに小回りが利くので、狭い道も心配なく入れて重宝した。唯一の欠点は、高速道路で人と話すには大声を張り上げなければならないことだった。鈴鹿サーキットまで東名高速を話好きな方を乗せ飛ばしたときは、降りたら声はしわがれていた。

## ジャガー6のガソリンタンクはいつも2分の1

どうもクルマによって、運転の仕方が変わる自分に気がついて、これではいつまでたっても大人の運転にはならないと思い、上品にクルマを運転するには上品なクルマに乗ってクルマに教えられたほうがいいと何かで読み、まさにそのとおりだと感化された。

それにはジャガーしかないという言い訳を自分にインプットし、中古のジャガ

ジャガーXJ6

ー6を買った。車の大きさのわりにタイトな内部空間に、繊細なシフトノブ、スミスのメーターなどがかもし出すインスツルパネルなどのインテリアは納得できるものだった。座ったとたんに足を投げ出したくなるアメ車のおおらかさはあれはあれでよいし、ドイツ車のどこかに潜む理路整然とした堅苦しさも好きだが、英車のほど良いタイトな空間は上品になれる気がして最高と思った。小さな吸殻入れにタバコを捨てるときでも、それなりの吸い方捨て方を考えさせられた。時速１５０キロで走るなら、これ以上のクルマはないといまだに思う。ドアの閉まる音から何もかも気に入って、ずっと乗りたいクルマだったが、メカニカル・トラブルは絶えなかった。左右にあるガソリンタンクのルーカス製電磁ポンプは常にどちらかしか機能していなかったし、バルブは始終切れ、ブレーキの鳴きは直してもすぐに出た。

　ジャガーはフルオーバーホールするだけではなく、コンスタントにメンテナンスができる状況の人が持つべきクルマだということがよくわかった。アストンマーチンにいたっては、ジャガーの何倍もメンテナンスが大変だと聞かされた。この種のクルマは買うことが持つということではなく、ベストコンディションを保てる資産と専用保管場所、そして常にチェックさせることのできるメカニックがそばにいることが必要条件だと思い知らされた。

ウエストフィールド7

# スーパーセブン？

向かいの中古車屋にあったスーパーセブンを試乗できるチャンスがあって、乗ってみたら病み付きになり、値段も業販価格で安かったので買ってしまった。業販だからと業者もちゃんと説明せず、私の無知が災いした。それはケーターハムではなくウエストフィールドだった。カートのようにコーナリングではロールせず、ノーヘルでオートバイに乗っているようなフィーリングで、もうところかまわず走り回った。伊豆へ走りに行ったとき、クラッチワイヤーが切れた。バイク屋で工具を借りて応急修理し、帰路についたとき天気が急変した。東名で雨に降られたあげく料金所の渋滞に巻き込まれたこと、そしてトラックの運転手に冷ややかな視線で見下げられたことが心変わりのきっかけになった。

スポーツカーの低い視線は目の前の道路をなめるように見て、コーナリングを楽しむものだが、伊豆へ行っても西伊豆スカイラインぐらいしか思いっきり飛ばせない。狭いわき道を入ってもアスファルトが未修理なところはまったく楽しくないなどの言い訳で人に売ってしまった。

MG A

## ブリティシュ・スポーツカーって……

たまたま知り合いのレストランオーナーから相談に乗ってくれといわれ、何のことかと富士の西湖に訪ねた。先方の事情はともあれ、結果からいうと、私はMGAとMGミジェットを同時に買うはめになってしまった。運転席の前についた小さなブルックランズ・スクリーンが、真っ赤なMGAのボディラインを最も美しく見せ、一目ぼれさせた。それだけで良いのに、タウンユースに渋めの小豆色のMGミジェットが必要ではないかと諭され、2台ならMGAを安くするからとの言葉にのってしまい、まとめて買ってしまった。結果は火を見るより明らかで、MGAは街中を走るには恥ずかしすぎるし、ブルックランズ・スクリーンは何の役も果たさずサングラスをしてもあまり意味はなく、当然、遠出は控えることになり、ほとんど乗らなかった。いつもMGミジェットばかりで、意味のない買い物をしすぎて後悔の日々が続いた。

しかし、何かイギリスのクルマには惹かれるものがあってその後も馬鹿を繰り返していた。美しいラインとタイトなポジションが魅了するのか何なのかよくわからないが、手に入れたくなる気持ちが定期的に高まるから始末に負えない。その後、MG系列ではライトブルーのスプライトを買っている。ずっと持っていた

ユーノス・ロードスター

かったが、唯一の問題は時速130キロ以上出ないことで、高速道路の追い越し車線でいつもパッシングされていた。そんなこともあって、たまたま出物の1972年式ジャガーEタイプ・クーペを買いそうになったがよくよく考えてみた。クラシック・ブリティッシュ・オープンカーとは、60歳前後のお洒落なおやじがゆっくり走るためのサードカーという位置づけなのだということにようやく気がついた。出版社めぐりのためにイギリスに二週間滞在したことがあった。ツリーサークルのそばに立って見ているだけでロンドンタクシーから工事用のクルマそしてリムジンまで、おしゃれに見えた。しかしイギリスでは美味い食事と美しい女性にはめぐり合わなかった。

国産ブリティッシュスポーツと私が勝手にそう思い込んでいるクルマがユーノス・ロードスターだった。ある出版社の編集長がMGBに乗り換えるから自分のユーノス・ロードスターを買わないかと持ちかけてきた。最初はどうかと思ったが、乗ってみると性能をフルに使えて楽しく、自分に似合っていると思い込み買ってしまった。国産車だから日本のキャブレターをつけなくてはと4連FCRキャブレターをつけ、国道246をセッティングの場所にして楽しんでいたのも束の間、環八のマツダ系中古車屋で黒のM001を見てしまった。すぐにもとのユーノス・ロードスターを売って買ってしまった。メーカーが本気で作ったスペシ

アバルト・ビアルベロ

ャルカーはすばらしかった。全てにブループリンティングされていて、特にエンジンはリミッターがないのか、際限なく良く回った。

## 愛すべき小さな車たち

ミラノショーに行った時、カーグラフィックの初めのころの号で見たアバルト・ビアルベロの実物を見ることができた。あまりにも小さく、美しく繊細で、それでいて力強い造形に見とれていた。それは自分が持つことは不可能な存在と納得していたが、小さくまとまったものに俄然興味が湧いてきた。それからは小さい車に傾倒し、ミニを4台乗り継いだ。アレック・イシゴニスのあのスケッチからミニが生まれたにしては、内部空間が良くできすぎていると思えてならない。彼は技術者だったはずだが、ものすごい造形家でもあったのだろうか。フォルクスワーゲン・ビートル・カブリオレからシトロエン2CVチャールストンなどなどいろいろ乗り換えて、発表されてすぐ並行輸入されたスマートにも飛びついて買ってしまった。気に入って乗り回してみたのは良いけれど、奇異な目で人に見られることが恥ずかしく、女房には嫌がられ、手放してしまった。

その後、2000年にミニが生産終了すると聞いて、並行輸入のイギリス本国

ミニ

仕様のものを新車で手に入れた。ツインインジェクションでパワーもそれなりにあり、ミッションはハイギヤードで高速走行が楽しい。今の時代、ハイブリッドカーどころか、アメリカのレーザー社の交流誘導モーターによるエレクトリック・レーサーまで誕生しているのだから、ミニはもう完全なクラシックカーになってしまう。だからといって今のところ、ニューミニやニュービートルには全く食指が動かない。

## 社員のフェラーリ328、そしてアルピナ

どの広告を見て応募してきたのか良く覚えていないのだが、おとなしく真面目そうだがなんとなく打ち解けにくい雰囲気のある35歳の社員がいた。バイク好きでドゥカティのマイクへイルウッド・レプリカに乗っていたと思ったらラベルダ750にすぐ変わり、それでいて今度はクルマを買ったということだった。

そのころ社内で秋の一泊ドライビングの話が持ち上がり、富士山の西湖に行こうということになった。西湖の周遊道路は富士五湖の中で唯一国道に接してなく、交差点は2箇所だけで、1周約10キロのタイムアタックのようなことが平日ならできそうだった。当日、それなりに各自の自慢のクルマが会社に集合した。クル

アルピナB6 2.8T

マは、ポルシェ911、フィアット・スパイダー、チンクエチェント、BMW3・0CSそして私はアルピナC1－2・3だった。そこに悠然と現れた真紅のフェラーリ328にその社員が乗っていた。社員全員が口をあけていた。とりあえず西湖に到着し、各自が乗り換えてタイムアタックを楽しんだが、フェラーリに乗ろうとするやつはいなかった。テールランプレンズが2万円するとかしないとかの話を聞けば誰でも控えてしまうものだが、その社員がダブルクラッチも上手くできないという話を聞いて、私が乗ってみた。最初はゆっくりと、そしてその後思いっきり飛ばして派手な運転をしたら隣で青い顔になり始め、翌日の帰りに誰も乗せなくなった。私にとって、フェラーリの高回転域のエンジンの奏でるすばらしい音を最高に楽しめた日だった。その社員になぜフェラーリを買えたのか聞いたら、先物取引でそうとう儲けたとのことだった。その後その社員は退社したが、多分自分の能力に気がついてその道に入ったのだろう。

だいぶ後になって、BMWの3シリーズのカブリオレを買ったが長続きはせず、ダークグリーンのアルピナB6－2・8TをとなりのBMW中古車センターで見つけてしまった。日本市場限定モデルで、328iをボアアップせず30馬力くらいにチューニングアップしたものだった。たまたま社員の結婚式が軽井沢であったので、私を含め出席者5人が乗って関越高速を飛ばした。大したことはないだろうと高をくくっていたが、2・8リッターのクルマに5人乗って相当なスピードで軽々走ることには驚いてしまった。それでいて、普通のタウンユースに何の支障もなく静粛で、ツーリングワゴンの使いよさもあって、私としては長続きしたクルマだった。高速道路では一度ほど光って写真を取られたような気もしたが、何の連絡もなかった。アルピナは派手ではなく上品でありながら、ひとたび鞭を入れればとてつもなく速い。それも唐突さがなく速い。静かなところでは落ち着いていていて人を駆り立てない。いつの日か新車で購入してずっと持っていたいクルマの一台と決めている。1977年ヨーロッパ・ツーリングカー選手権チャンピオンに輝くが、それを持ってレース界から手を引いており、今はアルピナ・ブルカルト・ボーフェンジーペン社のビジネスの16%がワインビジネスだということを、粋と感じてしまうのは私だけではないだろう。

## SUV狂いから、最速のクルマへ

取り寄せた洋書は一通り見ているのだが、その中でレインジ・ローバーだけについて書かれた本から目が離せなくなった。パリ・ダカールにまで出ている最高級の四駆とはどんなものなのだろうか。勝手な想像を描きめぐらせ、やはり知っ

レインジローバー

ておくべきと1987年式の白の中古を手に入れた。大きいわりに四隅が見渡せ、トルクもあり乗りやすく、操作系もジャガーに通じる上品さで気に入った。ただショックアブソーバーが車体中央にもあり、常に右に傾いていたせいか、高速道路での安定性は良くなかった。しかし捨てがたく、もっと新しいものならと物色していたら、一年落ちの走行5000キロの極上物が業販でどうかという話が出て、飛びついてしまった。高速走行させてくれることを条件でブリティッシュグリーンの新しいクルマは最高と遠出した。高速走行は良かったが雨にワイパーは作動せず、なぜかヘッドライトは暗く、気分は最悪で返品した。

SUVの最後の最高峰はやはり形の変わらないゲレンデヴァーゲンしかないということを疑う人はいない。NATOの将校用のクルマであったし、見るからに堅牢でいながら日本向けは豪華装備なので、試乗だけするつもりでヤナセに行ったのだったが契約してしまった。久々の新車、ロングボディの320は何もかも十分だった。何もかも良くできていることに不満を抱く最悪な癖を2年間はコントロールできた。

ちょうど他に目が向き始めたころ、ある会社の社長と昼飯を食べに行った。一緒に乗っていった彼のクルマは1997年式AMG－C43だった。彼は乗っているあいだAMGとは何なのかを延々と説明し、結果、手放したいという話を持ちかけてきた。一見普通のCクラスのメルセデスにしか見えず、控えめでどこにでも乗って行けた。しかしAMGがダイムラー・ベンツ社に、1900年代前半ツーリングカー選手権の王座をもたらしていたころの、AMGが作ったものに乗ってみたいという思いが芽生えていた。つい最近のことだが、1991年式AMG500SL6・0を手に入れることができた。14年前にヤナセが正規輸入したたった4台のうちの1台で、なんとワンオーナーであったし、走行距離も4万キロ弱でほとんど乗っていないものだった。それでいながら、最近はWRCでワンツーフィニッシュしたシトロエンC4が気になり始めている。

## クルマ道楽が仕事なんて、ウソ

これだけ、浅はかで、移り気な性格はどうしようもない。自分の道楽をここまで書いてきて、気恥ずかしく、読み返すとあきれかえる。いったい無駄な金をどのくらい使ったことか計算もしたくない。車は大切な文化の一つだと思うということ、だからその文化に一つでも多く触れたいのだというのが私の唯一の言い訳だ。そして、東京という町で暮らしていると、愛すべきクルマを走らせる道がない。近郊に出かけてもほとんどない。まして駐車して街に溶け込ますことのできる場所がない。だから最近はほとんど乗らない。時間と決めたルートしか乗らないということになってきている。

技術は常に進化すべきと思っているが、培ってきたものを良いコンディションで生き永らえさせることを、皆が忘れ始めている。さして重要とも思えない情報ばかりの時代だからこそ、質の高い情報と知識を必要な方に届けたいということが本音で本屋をやっているというのも、自分のクルマ道楽の言い訳と見られてもしかたがないという開きなおりか……。

本書は２００１年10月から２００４年４月までモーターマガジン社発行のゴーグル誌に連載されたものに、大幅に加筆、訂正したものです。

私《わたし》のとっておきの本棚《ほんだな》

クルマとバイクの本屋《ほんや》のつぶやき

2007年3月16日　初版第1刷発行

著　者　藤井孝雄《ふじいたかお》

発行者　黒須雪子

発行所　株式会社 二玄社

東京都千代田区神田神保町2-2　〒101-8419

営業部　東京都文京区本駒込6-2-1　〒113-0021

Tel.03-5395-0511

編　集　辻百子

印刷所　株式会社 シナノ

製本所　株式会社 越後堂製本

ISBN978-4-544-40014-4